从数据分析到理论突破

DATA ANALYSIS IN QUALITATIVE RESEARCH

如何用溯因分析做出创新性的质性研究

Theorizing with Abductive Analysis

[美] 斯蒂芬·蒂默曼斯 *Stefan Timmermans*
[美] 伊多·塔沃里 *Iddo Tavory*
著
赵丽霞 译

中国出版集团有限公司
研究出版社

图书在版编目（CIP）数据

从数据分析到理论突破：如何用溯因分析做出创新性的质性研究 /（美）斯蒂芬·蒂默曼斯，（美）伊多·塔沃里著；赵丽霞译. -- 北京：研究出版社，2025.5. -- ISBN 978-7-5199-1924-5

Ⅰ. G3

中国国家版本馆 CIP 数据核字第 20251G3T95 号

出 品 人：陈建军
出版统筹：丁　波
责任编辑：张　璐

从数据分析到理论突破：如何用溯因分析做出创新性的质性研究

CONG SHUJU FENXI DAO LILUN TUPO: RUHE YONG SUYIN FENXI ZUOCHU CHUANGXINXING DE ZHIXING YANJIU

［美］斯蒂芬·蒂默曼斯　［美］伊多·塔沃里　著　赵丽霞　译

研究出版社 出版发行

（100006　北京市东城区灯市口大街 100 号华腾商务楼）

天津画中画印刷有限公司　新华书店经销

2025 年 9 月第 1 版　2025 年 9 月第 1 次印刷

开本：880 毫米 ×1230 毫米　1/32　印张：9.75

字数：194 千字

ISBN 978-7-5199-1924-5　定价：88.00 元

电话（010）64217619　64217652（发行部）

目 录

第 1 章

意外发现

意外发现[1]是驱动研究引擎的燃料。社会学家、计算机科学家石峰（Feng Shi）和詹姆士·埃文斯（James Evans）基于来自研究文献、专利和科学事业的数百万条数据，总结道："科学和技术因意外发现而进步。"（Shi and Evans，2019）在他们之前几十年，科学社会学家罗伯特·默顿（Robert Merton）就发现了经验研究中的"偶然性科学发现模式"（the serendipity[2] pattern），这种模式是指"意外的、异常的和战略性的"观察结果成为构建新理论的基础。默顿的表述一如既往地发人深省。我们可能会认为意外发现是异常的，却通常不会觉得它们具有"战略性"。不过观察者需要能够战略性地看到偶然发现的理论

1 这本书在写作过程中用的名字是《意外发现！溯因分析在行动》（*Surprise! Abductive Analysis in Action*），这个名字能够体现意外发现作为本书结构性主题的核心位置。芝加哥大学出版社的营销团队要求我们修改了书名，以更适应亚马逊（Amazon）的搜索算法。如无特别说明，本书的页下注均为原书注。

2 "serendipity"一词是指发现那些本不寻常的、有价值的或令人愉快的事物的能力或现象。本书译法引自：Ronald Rousseau, 任晓亚（编译），张志强（审校）:《偶然性科学发现的规律特点及其科学政策启示》,《世界科技研究与发展》2019年第6期。——译者注

意义。默顿补充道："**一位具有理论敏感性的观察者**，才能从特别中发现一般。"（Merton，1968：158）我们怎样才能系统地获得意料之外的发现？你怎样才能让自己敏锐地察觉正在萌芽的意外发现？本书正是要给你这方面的帮助。

我们的第一本书《溯因分析：质性研究的理论化》（*Abductive Analysis: Theorizing Qualitative Research*），在越来越不切实际的质性数据分析领域标示了我们的主张。我们主要关切的是传统的数据分析方法削弱了质性研究的潜力。大多数质性研究者充其量不过是夸夸其谈那些他们在实践中并不会遵循的认知模型。研究文献的方法部分，无论是归纳的还是演绎的，大多都常常只是脱离质性研究数据分析实际的、老套的幻想。

我们与其他深入研究过实用主义先驱查尔斯·S. 皮尔士（Charles S. Peirce）成果的其他学者持相同的观点（Locke，2007；Reichertz，2007；Strubing，2007），认为溯因，即基于意外发现的推理模式，在研究领域被低估了，特别是在理论发现中被严重低估。聚焦溯因推理，能够卓有成效而又合乎逻辑地反思质性研究和数据分析。溯因分析需要相当熟悉各种社会理论脉络，并深入分析观察结果，才能做出理论上的贡献。大多数有关质性研究方法的书籍，要么从零开始提出新的东西，要么是在检验、验证理论或进行普遍化外推。而溯因分析中的溯因，则是构建理论的过程，是在弄清楚什么样的意料之外的观察结果能够成为理论案例，以及这些理论案例和发现在哪些方面存在有趣的差别。

虽然在哲学上不一定精确，不过可以用烹饪的隐喻来解释这种区别。如果你翻开尤塔姆·奥托伦吉（Yotam Ottolenghi）最畅销的那本《很多》(*Plenty*)，就能看到他那道水煮嫩菜搭配水瓜柳蛋黄酱的著名食谱。食谱开头是这样写的：“制作蛋黄酱时，要把大蒜、蛋黄、醋、芥末、盐和柠檬汁放到厨师机的搅拌碗里。在搅拌时缓慢滴入食用油，直到蛋黄酱变稠。加入水瓜柳和刨柠檬皮，放到一边。”（Ottolenghi，2011：12）如果你按照这些步骤，就能用这些食材，做出奥托伦吉描述的那道菜。这就是演绎逻辑。你很清楚自己会吃到的是什么，这道菜很好吃，不过常常跟当地的饮食相去甚远。虽然奥托伦吉是一位英国籍以色列厨师，在伦敦拥有几家小吃店和餐厅，但无论你是住在纽约布鲁克林（Brooklyn）的公园坡（Park Slope）食物合作社附近，还是能去洛杉矶的农贸市场，他的食谱都是一样的。相比之下，纯粹的归纳逻辑，则是从冰箱里随便拿出点什么，然后或煎或烤或煮，希望做出来的东西能好吃。基于扎根理论的传统，我们也许还会对比不同食物组合的风味来寻找模式。[1]

---

1 这个限定条件很重要。在当代科学逻辑中，归纳是一种用证据来支持的逻辑。归纳的观点是，你发现的相似结果越多，就越有理由相信一个理论为真。归纳不是理论发现的一部分，而是理论检验的一部分。

在扎根理论中，归纳意味着你要从观察结果中构建自己的理论。归纳一直被用于在质性研究的理论发现中提出一个论点。这种做法一直很成功，以至于现在许多人都用扎根理论的方法来定义归纳法。我们将会说明在什么时候用的是扎根理论，在什么时候用的是更加传统意义上的归纳。（转下页）

如果我们喜欢做出来的这道菜，可能就会决定按照自己“发现”的这个食谱，在家里时不时地做一做。演绎是从理论开始做出经验预测，而归纳则是对观察结果进行普遍化。

溯因逻辑则又不一样。你很想吃到那道水煮菜配水瓜柳蛋黄酱，奥托伦吉的书你差不多都能背下来，你最喜欢的那几页食谱都沾上油渍了。他的书就在你厨房的架子上，塞在其他烹饪书中间。你打开冰箱，扫视了一圈眼前的食物，把菜花推到一边，看看后面还有什么，结果发现自己没有大蒜，小萝卜也快烂了。不过，你发现了上周六购物时一时冲动买回来的一筐金橘。这真是个令人惊喜的意外发现，也是个不同寻常的烹饪挑战！你没有做奥托伦吉那道菜所需要的食材，但是你也许能够创造出一道融合金橘的甜味和酸味的新菜。这种像葡萄一样大小的水果，最佳的烹饪方式是什么呢？你可能不会用水瓜柳蛋黄酱，而是想试试柑橘糖浆。最后你做出来一道跟奥托伦吉的水煮嫩菜口味完全不同的菜品。你发明出自己的菜品。所以，溯因是一个创造性的时刻，是运用自己的已知，然后超越自己的已知去尝试新的东西。你有了意料之外的观察结果，形成了

（接上页）这里举个例子来说明二者的区别：我们假设所有的乌鸦都是黑色的，然后出去收集有关乌鸦的观察结果。我们观察到 3049 只乌鸦，它们都是黑色的。在传统的科学哲学中，就可以使用归纳逻辑来获得对自己的假设的信心。

扎根理论会让你走进大自然，观察各种鸟。你注意到存在一种黑色的鸟的模式，其中许多都是乌鸦。所以你得出一个理论，即乌鸦是黑色的。扎根理论认为这就是理论发现的一种形式。这依然不是溯因，溯因是指在现有理论的熟悉背景下出现了意外发现。

最有希望证实的假设，就是溯因。当然，是原本的食谱启发了新的菜谱，就像架子上其他烹饪书也同样提供了灵感，但自己的可能性成真的那个时刻实在是令人振奋。

科学研究中的溯因，是基于意料之外的研究发现提出新的假设这个过程的组织逻辑。知道自己有兴趣探究寻常的可能性，同时也对这些寻常的可能性无法充分解释的、新的、意想不到的发现持开放态度，溯因解决的就是二者的张力。溯因需要对大量的理论都有深入的理解，才能既在熟悉的土地上游刃有余，又能在进入陌生地域时探明方向。在使用创新性方法收集数据时，例如一个新的田野地点，一系列新的问题，一群被忽视的相关利益者等，溯因逻辑才能最好地发挥作用。另外还需要有足够的数据，才能体现不同分析维度之间的差异。简而言之，理论意义上的意外发现不会自然而然地产生，而是植根于你怎样阅读同行的理论成果，以及怎样开展自己的研究。

《溯因分析》一书旨在提出一种新的认识论。我们构建了有关意义创造的实用主义符号学，解释了为什么编码过程中的陌生化也会有所帮助，强调了写作时着眼于探究共同体的极端重要性。我们在书中举了一些例子，不过本书更多的是我们的再思考，而不是一本操作手册。观察者指出，一些研究者已经在开展类似溯因分析的工作。从这个角度来看，本书实现了自己的承诺：找到了不同学科的受众，大多数有关溯因分析的参考文献，都来自可以放心地说自己的工作也是规范的方法论的研究者。然而，无论是当时还是现在，我们都不仅满足于重新包装现有的实践。我们的目标是促进理论构建，这也是质性研究的优势。不过我们也承认，第一本书不会告诉你到底应该怎么去实现这个目标。

挑战在于，我们并没有，其实也不可能会有一个关于意外发现的傻瓜式的简明教程。我们再回到烹饪的例子。演绎法会给你一个可以照着做的食谱，归纳法会告诉你如果你把冰箱里的食材组合起来能做出一道什么样的菜，而我们描述的溯因观点的灵光一现，则需要认真关注冰箱里有什么，深刻理解不同的烹饪书，知道怎么协调不同食材的烹饪时间，才能做出一道新菜。这些怎么可能通过书的形式来教？这种知识来自在不同厨房里多年的实操。只是记住食谱，不会让你成为大厨。不过，虽然溯因式烹饪没有捷径，我们还是可以给你讲讲怎么规划采购，去冰箱和食品柜里找什么，以及怎样阅读烹饪书。

本书旨在把我们有关溯因的想法转化为具体的研究实践。我们认为，溯因分析是一种**不同的**质性研究方法，而不是仅仅给现有的研究方法贴上不同的标签。溯因分析是指明确地设计能够使数据中出现意外发现的可能性最大化的研究；以不同的方式处理文献；采取使熟悉的事物陌生化的观念来进行数据编码；撰写研究报告时进行充分思考和反思，以形成溯因观点。我们将在随后的章节中说明，从你开始思考要做研究的那一刻起，从收集第一批观察结果到形成最终的报告，溯因是怎样贯穿研究项目的始终。溯因法需要一种分析敏感性，使你沉浸到文献中，指导你收集经验材料，还要在这些观察结果出现时加以运用。意料之外的发现不会凭空出现，你必须去培养这样的发现。本书将会告诉你，怎样换一种角度去思考自己的研究，以找到意外发现。

这本书的目标是什么

我们所指的质性研究结合了经验叙事和理论叙事。我们赞同华康德（Loïc Wacquant）的观点，“生动的民族志和强有力的理论绝非对立而是相辅相成，加强前者的最佳策略是增强后者”（Wacquant，2002：1524）。我们假设你也和我们一样有通过质性研究进行理论构建的目标，否则你为什么会读这本书呢？但是，也许我们不应该假设这样一个共同的目标，也许应该先去证明理论构建本身是值得付出努力的。毕竟，其他处理经验材料的方法也很有说服力，而理论绝不是那些方法的核心。

在质性探究的许多热点问题中，研究者的主要出发点并不是理论构建，而是从事应用研究。例如，许多质性取向的医疗研究者的目标是在公共卫生、医疗或健康服务框架中取得更好的成果。他们会审视为什么病人不接受医疗手段，或直接面向消费者的广告怎样销售药物（Paterniti et al.，2010；Schoenberg，1997）。还有的质性研究者把自己的技能用到技术公司，生产能够有市场的产品。施乐公司（Xerox）的研究部门已经组建 20 多年，其中包括研究人机交互的民族志学者，他们试图设计出直观易用的复印机。他们的某些工作，特别是首席研究员露西·萨奇曼（Lucy Suchman）的工作（Suchman，1987），也涉及理论构建，但该部门的目标是帮助工程师设计对用户友好的机器。从全球来看，许多质性研究者，也许是大多数质性研究者，都是基于合同来开展研究，他们投标政府项目，申请基金，向资助机构提交建议书。由于这些机构很少对推动理论发展感兴趣，所以质性研究者更像是让它们的资助结构好看一些的顾问或专家。资助机构常常会花钱来做数据收集，但给分析提供的经费却很少，所以最终的出版物主要呈现的是描述性观点。

一些出色的研究也并不以理论创新为目标，而是以令人信服的方式证实许多人已有的猜想。德瓦·佩格（Devah Pager）用实验方法对求职者进行种族画像的研究就是这样一个例子。她发现雇主们雇用一个身负重罪的白人男性的可能性，比雇用一个没有犯罪记录的黑人男性的可能性要大得多（Pager，2003）。这个研究在理论上没有创新，但在揭露劳动力市场制度性的种族偏见方面却十分重要，佩格的研究涉及重要的政治较量，因此而极具意义。在佩格的追悼会上，作家塔-内西·科茨（Ta-Nehisi Coates）谈到她的研究证实了有色人种的经历，为他们提供了决定性的论据，从而反驳了那些说歧视“只存在于想象中”的说法。

还有一些研究者被质性研究人文主义的一面所吸引，对抽象化和理论化的目标则不感兴趣。质性研究者的首要工作，就是深入贴近地形成人类状况的纪事。从这个角度来看，我们并不孤独，而是与记者、拍纪录片的人和小说作家共同身处在一个拥挤的场域。纪事一方面是外部的人向内看，另一方面是内部的人向外看。他们会通过社交媒体、访谈、博客、纪录片、新闻文章、评论文章、自我反思、日记、网络群组、视频和回忆录等方式，讲述自己和彼此的故事。

虽然人文主义、例证型和应用型质性项目开展质性研究还有其他目标，但即使目标不是构建新的理论，研究过程中的理论自觉也有助于实现这些目标。也许这些研究在理论上可以更大胆。事实上，这类研究传统中最强有力的例子，也都内含着理论的维度。

萨奇曼为施乐公司所做的工作极具影响力实非偶然，在很大程度上要归功于她深厚的社会互动论和民族志方法功底。忽视理论的应用研究，其应用也有受到局限的风险。同样地，一些最好的研究看起来只是“证实”理论，但实际上并不囿于此。例如，安妮特·拉鲁（Annette Lareau）那本经典的《不平等的童年》（*Unequal Childhoods*）可以看作是证实了皮埃尔·布迪厄（Pierre Bourdieu）的惯习形成和文化资本概念。但拉鲁的书也因方法论的创新而闻名，她把自己置身于拥有工人阶级和中产阶级父母的家庭中，去观察不同阶级的社会化过程。《不平等的童年》从经验和理论上阐明了家庭和学校中不同阶级的社会化机制，方法论无疑是让这本书如此引人入胜的重要因素。

在人文主义研究方面，开展质性研究的一个常见的理由，是研究本身能够揭示并消除受众对一个共同体的看法和这个成员的行为之间的分歧（Katz，1997）。研究者通过大量的观察证明，那些被斥为不正常的人毕竟也是人，而那些掌握权力的人或被媒体美化的人，他们的缺点比我们想象得还要多。这种访谈研究或民族志方法用普遍的人文主义来看待极端行为，同时也描述了文化的特异性。如果没有理论和概念，就很难做到这一点，哪怕这些理论和概念不过是被放在尾注里。最广为人知的质性研究著作，无论是米切尔·邓奈尔（Mitch Duneier）的《人行道王国》（*Sidewalk*）、马修·德斯蒙德（Matt Desmond）的《扫地出门》（*Evicted*）还是特雷西·麦克米兰·科顿（Tressie McMillan Cottom）的《深刻》（*Thick*），都广泛地借鉴了社会理论。但你需要阅读这些文献，才能知道作者在文本中是在跟谁对话。他们的人文主义研究项目不仅具有理论维度，还发展了理论维度，因此吸引了本来就对某个具体研究领域感兴趣的人以外的读者，也因此而与新闻记者富有人情味的报道区分开来。

虽然开展质性研究有许多种理由，并且每种理由都受益于强有力的理论基础，不过我们所倡导的这种方法，能够充分发挥科研人员作为学者的理论技能。质性研究的理论贡献在于尽力避免研究对象被视为无足轻重。有了理论，研究才能超越一个小小的具体领域。开展我们所倡导的这种研究的理由，是我们发现了一些与直觉相悖的、出乎意料的东西，并从中构建出理论。我们的目标是基于学术成果，培育一种处理质性数据的特定手段，从而做出理论和概念上的贡献。这些概念和理论化不仅仅是对相关经验的抽象，如果成功的话，还能启发新的视角，形成新的研究焦点。如果理论能证明一个地点发现的模式对另一个地点发生的事物有所启示，那么其中必然带有浓厚的人文主义色彩。

举个本书的两位作者都很欣赏，随后也会在本书中再次提及的例子。雷伊·斯塔（Leigh Star）和詹姆斯·格里塞默（James Griesemer）在研究一所自然历史博物馆的鸟类标本收购时，提出了“边界对象”（boundary object）的概念。他们将边界对象概念化为一种磋商策略，适用于持不同利益的各方不需要也不想要彼此冲突时的情境。一个边界对象会足够统一，所以具有某些共同的意义；同时也足够有弹性，在不同的社区中可能会有截然不同的意义（Star and Griesemer，1989）。边界对象的概念本身**就是**一个边界对象，就证明了边界对象的作用。这个概念得到广泛传播，用于调解千差万别的情境。已有数十项研究使用到边界对象的概念。研究者用边界对象来审视相同的议题怎样对不同的群体具有不同的意义，而不需要分裂原有的议题，或是将原有的议题折中为一个主导的比喻。同时，这个概念还证明了社会互动中一个根深蒂固的问题，即含糊其词在协调行为和弥合观点中的积极作用。成熟的理论和概念很有用，超越了它们的发端，会成为智识的必经之点，成为看待世界和认识世界的方式，成为传统的延伸和对未来的学术研究的启示。

作为学者而倾尽全力，并不意味着我们会容忍全是术语又难以理解的学术词汇，或是赞成僵化的理论框架。尽管我们喜欢皮尔士，但我们并不喜欢他的术语，他对深奥的词汇有着莫名的偏爱。读者将会清楚地看到，我们更喜欢灵活的概念，这些概念凸出明显的维度和已经通过反复应用证明有效的中层理论，来抽象化观察结果。不过，这也的确说明了我们的方法的特点，即从其他理论框架的坚实基础出发，明确地去思考理论。

我们在观察结果中寻找意外发现。意外发现不会突然跳出来，我们要基于现有理论，分析性地探究和对比观察结果去发现这些偶然。当我们遇到一些不同寻常或令人困惑的发现时，就需要调整自己的理论框架，才能正确地处理这些发现。我们也会收集更多的观察结果，审视其他可能的解释。因此，溯因分析不仅是一种分析方法，也是一种研究取向和抽样策略。我们基于实用主义思想和一个多世纪以来的社会科学历史，认为理论构建是在摸索中前进的（Swedberg，2014）。理论构建由一个探究共同体开启，其价值取决于是能够抓住你的社会学想象力、激发更多的研究，还是最终被遗弃在尘封的图书馆书堆里。

不过，我们还是要回到同样的问题：我们到底怎样才能通过意料之外的发现实现理论构建？如果我们不遵循扎根理论的常规方法，又应该怎么做？我们发现，有些回答对我们的工作很有帮助，这是一些专业的研究方法著作（Abbott，2004；Becker，1998）。有几本方法论书籍中全是启发式提问，聚焦用不同的方法来分析和梳理观察结果，换一种方式来审视，从而知道应该怎样推进自己的工作。我们建议，启发法可以用来作为灵感的来源。如果回到我们烹饪那个隐喻，这就像是作者告诉你分别按照材质、按照风味、按照烹饪时间来组合食材，看看这样做能够让你怎样重新思考自己的烹饪选项。在许多情况下，这正是激发你烹饪想象力的灵感源泉。

这本书不会停留在启发式提问。我们的目标是给你提供核心操作方面的建议，包括怎样整理冰箱，怎样组织采购才能实验有趣的食谱，怎样学会思考不同的烹饪书提供的不同可能性等。抛开烹饪的比喻，我们的目标是组织研究架构，使你对拥有理论潜力的意外发现具有敏感性。技巧当然很有用，但通常只是研究者全部才华的一部分，而且总是在研究过程的后期才会用到。从你决定一个田野地点比另一个更有价值的那个时刻，到你在一次访谈中决定问这个问题而不是那个问题，研究过程的每一个环节都是在为理论化做准备。

作为一名质性研究者，你要处理好自己的研究与读者之间的关系。你的成果中可能会包含一些与某些人对世界运转方式的假设不同的观点。你要在其他人会看到明显分歧的地方，建立起联结。你要证明人们觉得很平常的结果其实很少真的能实现。同时，你的研究不仅和普罗大众对世界的认识相悖，也会与研究同僚们对世界的认识相悖。因此，质性研究在理论基础上常常是颠覆性的。如我们所述，这种颠覆的潜力在于你提出的问题、你在研究中采取的观点和你收集的素材。

内容概要

本书将带你走过研究过程中的不同时刻。我们将在下一章中概述溯因分析的一些基本原则，然后就开始深入探讨怎样开展能够产生意外发现的研究。我们从理论开始：你应该读什么，怎样读，读到什么时候为止。我们用**地图**和**指南针**的比喻，证明文献能够为你提供“预期的里程碑”，这些里程碑能够指引新的理论道路。我们建议你要熟悉自己所在的子领域的理论结构。除了实体理论（substantive theory），社会学中还有更多抽象的导航工具。像布迪厄的惯习、资本和场域，互动论的情境定义，还有行动者网络理论的聚集视角等，这些理论都不会告诉你某个特定的领域是什么样的，然而，它们会告诉你怎样穿越不同的地域，以及可以期待**什么样**的现象。

建构理论地图以理解社会生活，不只是社会科学家在从事的工作。在日常生活中，我们都在发明理论，以帮助自己学会怎样根据已经发生的事物去采取行动。我们强烈建议你认真关注作为你的研究对象的人的想法，以及他们当前的关切。我们将这个原则称为**参与原则**（principle of engagement），这是质性研究最重要的方法论准则之一，贯穿本书的始终。你当然不应该按照你的对话者（interlocutor）所见定义某个他们身处其中的特定的社会，但我们认为，真正理解他们的关切和想法会对你有所帮助。这不仅是一种正确的道德立场，也是一种实用的分析立场。听听人们怎么摆布自己的世界，会像阅读相关研究领域的文献一样，催生出意外发现。溯因出现的时刻，就源自所有这些理论灵感。我们鼓励你策略性地阅读文献，以它们为基础，设定自己的研究预期。

接下来的一章将关注研究设计问题。我们将民族志和访谈研究作为两个最主要的方法论基础，认为质性研究设计的难点，在于聚焦和去焦研究、近距离观察特定问题和远距离分析社会生活的相互联系之间的相互作用。所有的研究都需要收集足够的数据，才会有产生意外发现的可能，不过不同的质性方法面临的挑战不同。在几乎无比灵活的参与式观察法中，我们需要在不断变化的研究中保持**聚焦**（focus）。为了保持聚焦，我们可以增加一个田野地点作为对比案例，或者在参与者日常生活的不同地点对他们进行影子研究。而访谈设计受到问题形式和时间的限制，比民族志方法要严格得多，我们在访谈问卷中要注意广度，特别是在研究初期要有策略地对问题进行去焦，才能使意外发现出现的可能性最大化。由于聚焦和去焦的相互作用，我们组织研究的方式与社会科学领域的通常做法有所区别。我们提倡要不断地、敏捷地调整，分析观察现象的细节，回过头来探索被其他人忽略的方面，这样才能注意到意外发现。

讨论完研究设计之后，我们将在第 5 章和第 6 章进入分析工作的体例部分，即编码。我们从扎根理论的开放编码的一个更加系统的版本开始。在最初几轮编码中，我们试图获得对数据的更深入的、陌生化的感觉，采取的主要手段是对数据引人注目的结构进行图示分析和详细描述。我们对肯尼斯·伯克（Kenneth Burke）的**动机语法学**（grammar of motives）进行了调整（Burke，1945），同时借助了至少从亚里士多德时代流传至今的修辞问题：谁做了什么、何时、何地、何种方式、有何实际后果。就我们的观察结果提出这些基本问题，能够使我们关注到访谈或田野数据中那些要么觉得理所当然、要么被完全忽略的东西。这种开放编码有两个好处：首先，使我们思考数据中的行动和互动是怎样推进的，从而寻找田野中的过程，特别关注其中的机制性解释；其次，帮助我们看到仍然未知的东西，既包括我们的对话者提到的内容，也包括数据中的沉默和空白。因此，编码为我们的数据收集工作指明了前进方向。这就是为什么要在田野工作过程中尽早开始并持续进行编码，而不能等到田野工作的最后。

第 6 章是对开放编码的补充，这一章的重点是**聚焦编码**

（focused coding）和**指标案例**（index case）。开放编码试图从观察结果的“噪声”中解码出一个有理论前景的主题，而聚焦编码重在阐述你根据经验和对现有文献的熟悉程度推测出的那个主题的确具有理论前景。虽然这些主题反映了数据中的模式，却并不是从数据中“出现”的，而是早已体现在你用到的相关理论传统中。**指标案例**像是数据中的“零号病人”，锚定了研究结束后形成报告时的经验叙事和分析叙事。选择指标案例并评估它的效用，然后基于指标案例来审视差异，这就是聚焦编码的重点。

在第 7 章中，我们呈现了一种路径，在你还不确定在自己的研究项目中什么值得追求时，采取这种路径最有效。我们再次回到参与原则，你的责任就是认真对待自己的研究对象。从丰富的理论写作传统和我们作为研究者的实践经验出发，我们聚焦自己所研究的社会世界中的**张力**（tension），用这种方式来加深对这个社会世界的熟悉程度。我们借助文化人类学家玛丽·道格拉斯（Mary Douglas）对幽默和仪式的研究，概述了在我们所研究的世界中寻找“结构中的笑话”的价值。我们不是为了揭露**到底**在发生什么，而是因为理解这些张力背后的深层模式，能够为我们找到适合自己研究项目的理论问题提供线索。

在第 8 章中，我们证明写作过程充满了各种分析性的决定：把什么写进来，怎样叙事，怎样回应可怕的 2 号审稿人，还有怎样吸引受众。这些决定不只是装门面而已，而是实实在在地构成了你的理论贡献。写下自己的研究过程也就成了一种能力的考验（trial of strength）：你觉得意料之外的东西，真的有那么新颖、那么出人意料吗？你觉得什么才是意料之外的发现？你觉得自己能够怎样进行理论干预？可能都需要做出巨大的调整。溯因适合先设定意外发现、再得出理论结论的文本组织形式。我们鼓励你使用这种形式，采取一种能够加强你的理论构建而不是模糊你的理论构建的写作风格。我们提倡用文字到数字再到观点的方式进行反思性写作，以此来说服你的受众，让他们接受你想让他们读过之后能够获得的那些东西。

第 9 章是全书的总结，是对质性研究的反思。最后我们还增加了附录，说明溯因在新兴的计算社会科学领域中的地位。过去几年中，该领域已经建立起“大数据”溯因[1]方法。

最后，我们自己的方法也要经得起实用主义信条的检验：如果我们强调意外发现的时刻，这对研究过程到底有什么贡献？评判本书的标准是能不能使你的工作有所改变，无论是在设计研究全局时，还是进入研究的许多具体方面，这种改变要体现在你将在电脑屏幕上打开的文件夹里；体现在你增加到自己的访谈问卷的问题上；体现在你写文章和写书时怎样组织数据结构的方法中。我们希望，这些或大或小的改变能够贡献于有创新、有创意的理论建构。

1　在计算科学中，abductive 通常译为“反绎”，反绎学习（abductive learning）是一种将机器学习和逻辑推理联系起来的新框架。——译者注

第 2 章

开 始

溯因分析的核心要素之一，是在探究性共同体中的理论构建，这个探究性共同体是你的同行，他们阅读你的作品，他们写的书会给你启发，你还会跟他们互动。你不是从一张空白地图启程的第一个社会探险家，你进入的是一个已有不少研究者绘制过的地域。实用主义者看得很清楚，创意正是从习惯中才能脱颖而出。

溯因分析同样建立在他人工作的基础上。我们受到其他质性数据分析方法的启发，从格拉泽（Glaser）和施特劳斯（Strauss）的扎根理论，到凯西·卡麦兹（Kathy Charmaz）和阿黛尔·克拉克（Adele Clarke）对扎根理论的当代阐述和拓展；从雅普·范·韦尔森（Jaap van Velsen）和麦克·布洛维（Michael Burawoy）对民族志拓展个案法的演绎，到杰克·凯茨（Jack Katz）和霍华德·贝克尔（Howard Becker）的分析归纳。我们从这些传统中得到启发，也会批判地看待它们。质性数据分析的主要方法带有其起源的认识论包袱。问题不是说它们老了，有很多“老”著作都值得反复阅读而不是扔到一边。

问题在于，考虑到它们的写作背景，考虑到**它们的**探究性共同体，这些作品中的论点因年代久远而出现了偏差，扭曲了逻辑推理中一些宝贵的东西。质性研究中的归纳传统和演绎传统都表现出各自的局限性，以至于研究者们在自己著作的方法论部分都会程式性地提到这些传统，但在实践中的做法却总是截然不同。[1]

这不仅是缩小研究者所说和所做之间的差距的问题。当研究者，特别是学生，遵循这些质性研究方法的建议时，可能会发现自己的处境并不妙。也许在扎根理论关于从观察中归纳出理论叙事的忠告中，这个问题反映得最为明显。问题是分析过于经常地缺少理论内核：如果没有什么在意料之外，我们能做的就只有无休止地收集观察结果并对观察结果进行分类。当我

1　扎根理论建立在归纳模型之上，鼓励研究者忽略其他人曾经写过或想过的东西，通过编码和撰写备忘录的过程，让理论从观察结果中产生出来。虽然这种方法论步骤的确有效，但死守归纳法会成为理论发展的障碍。事实上，扎根理论研究中鲜少产生宝贵的理论。没错，归纳提供了更多的事实，但没多少额外的理论。

相比之下，社会学中所诠释的拓展个案法则过度专注于一个单一的理论项目，就怎么分析观察结果却没有提供多少方法论上的指引。拓展个案法的目标是在现有理论的基础上，采取一种更接近于归纳推理的形式，使研究者透过坚实的理论框架来看待观察结果，而这种坚实的理论框架通常是某种马克思主义的视角。特别是依赖一种扭转乾坤的力量，就像希腊戏剧的结尾重塑秩序的神，用结构性因素作为任何研究的终极解释，是非常有问题的。布洛维坚持认为，结构性因素不能在田野工作中直接观察到，却能基于理论基础进行假设。就像扎根理论关于数据能产生理论的假设一样，将结构主义作为无法察觉的终极原因，是质性数据分析中的另一种异想天开。参见 Tavory 和 Timmermans（2014）的第 1 章。

们撰写本章时，在一个面向质性研究者的公告板上看到了下面的呼吁：

> 我一直在对两个研究领域中的各种现有定义进行生活编码（in-vivo code）[1]，看看从编码分析得到的理论能不能归入这两个研究领域。我得到了 141 个编码，把它们分成了 11 个逻辑类属。
>
> 这些类属有的能够关联到重要的理论，例如［……］，有的则不能。
>
> 我需要这样的帮助：
>
> a. 在编码结果与现有理论建立连接时，有什么原则？
>
> b. 在处理与现有理论没有逻辑关系的编码类属时，又有什么原则？

“生活编码”是扎根理论的一个术语，是指受访者自己表述出来的编码，是从受访者的自我反思中产生的抽象的观点。[2] 对这个有些迷惘的研究者的答复是，只有描述是不够的。不过，回避理论建构的方法都有与生俱来的风险，即把数据分析等同于各种主题和子主题的简单集合。问题不是这位学者没有足够

1 又译见实编码。——译者注

2 研究者可能是误解了生活编码，141 是个惊人的大数字。

认真地阅读扎根理论。正相反，是因为他们太过于按字面来阅读扎根理论。

在这种情况下，可以用溯因分析法来弥补许多优秀的质性研究者在审视访谈记录和田野笔记时所做的和所说的之间的差距。溯因分析为质性研究者提供了一种能够用来描述自己的分析实践的语言，不仅是为了取悦资助者或审稿人，也是为了从不同的角度思考自己开展研究的方式。扎根理论的不同流派可能会帮助你梳理自己的观察结果中正在发生什么，溯因分析则能够详细说明怎样把这个问题与另一个问题联系起来："这些观察结果能够成为什么理论的案例？"（Tavory and Timmermans，2019：532）

无论是理论上还是经验上，我们开展研究都是为了获得意料之外的东西，而不是为了证明自己已知的东西。这绝对是本书所有论述的基础：研究是提出你还不知道答案的问题。你可能会有预感，但如果不愿意提出可能会得到你没预料到的答案的问题，或者比这还要糟，不愿意提出可能会得到你不想得到的答案的问题，你就不是在做研究。

现有的数据分析方法试图解决的真实的关切，是没有支撑的理论化。还有一些学者，他们开展研究的主要目标是证明宏大的理论家们的灵感，或是推进预先设定的理论议程。这些学者在开始收集观察结果之前就知道杜波依斯（W. E. B. Du Bois）、布迪厄、卡尔·马克思（Karl Marx）或朱迪斯·巴特勒

（Judith Butler）这些人是对的，他们的理论能够解释自己的发现。他们相信自己将会发现的东西，选择性地忽视可能证明自己不对的任何迹象。

而我们的目标则不同：我们想在前人的基础上开辟新的领域，从而对他人有所启发。你可能会觉得这样的立场出自专业和职业的考虑（原创性的价值、研究的影响等），不过对我们来说，这本质上是个存在问题：生命是有限的，研究又很费时间。你是想把自己人生最好的时光用来说一些大多数人已经知道的东西，还是志在启发他人，更不用说启发自己，以不同的方式看待世界？意外发现出现的时刻以及我们解释它们的能力，都是如此激动人心。解开研究中意外发现的谜题，是我们坚持下去的动力。

溯因是一种科学探究逻辑，是对归纳式和演绎式科学推理的补充。归纳推理是寻找更多相似的事实，增强研究项目的经验基础，扎根理论者常常误解这一点。归纳推理是一种自下而上的逻辑，帮助我们增加或减少对一种理论的信心。如查尔斯·S. 皮尔士所述，这是一种**扩大**（ampliative）推理。通过累积事实来证明理论前提，意味着单个的观察能够得到更加一般性的结论。而演绎推理则相反，是根据理论预测来解释事实。这是一种**阐释**（explicative）推理。演绎推理基于流行的理论，设定了我们能够得到的发现的预期。如果观察结果与假设相悖，就能证伪这些理论；或者基于现有的观察结果，应该接受这些假设。这是一种自上而下的理论检验逻辑。

像归纳推理一样，溯因推理从观察开始寻找可能的解释。这样的观察结果不同于我们其他的观察结果，是相对于我们的预期而言的意料之外的发现。溯因需要条件：以应该发生什么为依据，意料之外才能成立。如布洛维所述："一个**好的**理论能做出预测，也能培育意外发现。"（Burawoy，2019：51）从定义来看，意外表明没有达到预期。我们现有的理论不能完全解释这样的发现。分析的任务是弄清楚这些发现可能意味着什么，怎样理解这些发现，以及这些发现会带来怎样的后果。如果观察结果是可靠的，就需要其他手段来加以解释，也就是理论推测。溯因是一种跨越式的诠释，是指我们得到意料之外的发现时，提出一种可能解释这种异常的、临时性的理论推论。溯因使我们超越已知，进入推理的王国。

皮尔士解释道，这种从事实到临时性假设的跨越依赖于一种可以推测的逻辑关系。他用三段论来解释，用 C 代表意料之外的发现，A 代表溯因推论："如果 A 为真，那么 C 理所当然为真。"

> 观察到一个意料之外的事实 C。
>
> 不过如果 A 为真，C 理所当然为真。
>
> 因此，有理由假设 A 为真。
>
> （Hartshorne，Weiss and Burks，1931—1958，《皮尔士文集》第 5 卷第 117 页）

溯因推论是一种基于一定知识的猜测，使意料之外的发现能够被理解为理所当然。“溯因，”皮尔士说，“毕竟只是一种比较准的猜测而已。”（《皮尔士文集》第 7 卷第 219 页）

因此，我们也不能完全依赖溯因推论。溯因推论是对研究中意料之外的发现的看似合理的假设，这些部分还需要进一步研究。溯因推理本身仅仅是临时性的，是需要检验的假设。为了增强溯因推论的可信度，研究者需要调整或完善自己的理论储备，纳入新的主张，然后再基于动态的理论推出可能的预期。于是，溯因通向了演绎：溯因推论具体指明了你在研究中应该期待哪些研究发现。收集更多的观察结果，就能更好地通过归纳来巩固理论，不过理论不断完善会需要新的溯因推论，所以，更有可能被更多的发现证伪。这就是为什么溯因是对演绎和归纳的补充。在每个研究项目中，甚至是在那些把纯粹的演绎假设检验作为书面要求的量化研究项目中，你也会发现一些演绎、归纳和溯因的时刻。[1]

溯因分析的要点，无论是在实践中还是在分析中，都要以创造力过程和发现新的理论观点的时刻为中心。可是我们怎样才能有新颖的观点？你应该闭上眼睛坐等灵感的启示吗？并不存在无法解释的“发现的情境”，那是神秘主义者或心理学家的领域。溯因也不是观点的灵光一闪。事实上，这正是我们与皮

1　参见本书附录。

尔士的分歧之一。他的全部注意力都在发现的情境上，过于沉迷于本能，因此他的科学哲学的核心中，有一个神奇的黑匣子。受到达尔文（Darwin）进化论的影响，皮尔士认为人类已经进化到能够本能地提出来可能说得通的假设。但这种说法恰恰是在神秘化我们需要澄清的过程。我们认为，溯因分析也是推理，有赖于一个初步解释的可信度。溯因分析是一种我们能够在工作中提升的能力。

可能的溯因推论会有无数个，我们怎么决定跟进哪一个？皮尔士虽然执着于本能，却还是提供了什么才是好的溯因推论的基本指引。由于溯因假设是暂时性的，需要用演绎法去探究其结果，用归纳法来与新的观察结果进行对比。因此，溯因时刻告诉我们应该观察什么，在收集新的观察结果后又应该怎样进行理论化。[1] 原则上听起来不错，但具体怎样操作呢？说到底，我们要跟进看起来最有理论前景的溯因推论，不过有一些方法能让研究过程更高效。后面的章节会论述怎样做才能对你最有利，在此之前，我们首先会概述一下过去十年间构建的几个溯因分析核心原则。你需要先理解这些原则，才能掌握后面的内容。

1　皮尔士提供了好的溯因推论的一些标准：是**可检验的**，应该**解释令人困惑的观察结果**，还应该是**经济的**，也就是说在所有数不清的可能假设中，是值得跟进的。这些标准具有普遍适用性，不仅适用于质性研究。

培养溯因推理

溯因推理不是等灵感在你耳边告诉你溯因推论，而是能够通过创建有利的研究条件来激发。意外惊喜当然可能自然产生，不过像求婚或生日派对等很多意外惊喜都经过了精心策划。意外发现需要协调，还需要相当多的幕后工作。

为了实现溯因推理，我们要发挥质性研究的优势。与其他社会科学方法相比，质性研究有明显的短板。用调查研究者觉得有价值的方式生成一个随机样本，根本不可能。因此，质性研究容易遭到因变量抽样、选择性偏差和推广性有限等批评（Small，2009）。如果你以与实验研究者一样的信心提出因果关系的推论，将注定失败。与你毫不费力地得到的“自然”观察结果相比，通过双盲过程控制条件操控变量的研究者会占据上风。

不过，质性研究让我们有机会在自己和他人亲身经历社会生活的同时，观察社会生活全部的复杂性，观察社会生活的不同领域和不同面向。发挥这种方法的优势，就是要利用这种近距离的接触，边生活边探索，审视其他可能的诠释，密切跟进观察结果随着时间而发生的变化。同时还要关注外推结果是不是只是理论家的想象，理论是不是脱离了你的材料，还有你是不是的确缺少证据。在《溯因分析：质性研究的理论化》一书中，我们强调了发挥质性研究优势的 4 个关键要素，能够在得出溯因观点时为你所用。

1. 对多种理论的熟悉程度

如果你想为研究文献做点贡献，就必须加入一个探究共同体。因此，你需要熟悉主流的观点和理论名词。这不可能绕得过去。意外发现之所以在意料之外，只能是因为设定了一些预期。一般情况下，这些预期可能是对人们应该怎样表现的常识性概念。为了使研究发现具有理论意义，我们要有在田野地点希望发现什么的理论基础。每个研究项目都植根于相关文献的理论库之中。

这里，我们希望对一个项目是基于经验文献还是理论文献做些区分，也就是说区分一下阅读“文献”还是阅读“理论”。所有研究者都需要查询数据库中相似或相关主题的研究。例如，一位研究双向情感障碍患者的污名的研究者，可能会在医学数据库中进行关键词检索，查到 5 个相似的研究。接着，这位研究者会总结这些其他研究者的发现，即患有双向情感障碍与污名是否相关。正因为这样的文献综述只涉及经验发现，不是我们想要的文献。

顺便说一句，研究者常常会说文献中存在空白，以此来证明一项研究的合理性，例如没有人关注过某种特定的污名和双向情感障碍的关系。填补这么小的空白，常常就是开展一项研究的理由。一般来说，相信我们，这个理由很糟糕。没人关注某个特定现象这个事实，并不意味着你就应该去关注。我们的工作不是忠实地复制世界，寻找以前的制图员没有注意到的角落和缝隙。研究的价值应该是能说出一些有趣的东西，而不是指出一些东西存在（Katz，1997）。谁知道呢，也许没人关注过你选择的这个话题，恰恰是因为它跟其他案例过于类似，所以你的研究建议其实毫无意义。

为什么因为“没人关注过”就去开展一项研究这个理由站不住脚，还有一个更加实际的原因：到底有没有人关注过，取决于你回顾所有文献的能力。从整个社会研究者群体来看，其实可能有人**已经**关注过你选择的话题，或是十分相似的话题。所以，想象一下你的研究成果的某个读者或审稿人觉得她做过的一项研究跟你的非常相似。这样你就处于双重劣势：你既表现得不熟悉文献，又惹恼了一位审稿人，因为你没把她的研究算在里面。开展一个研究项目的理由应该是积极的。一项研究之所以会引人入胜，是因为它解开了一个重要的谜题（puzzle），为已有的理论对话加入了新的内容。你的任务是让读者相信你的研究开创了一条新的道路，而不是填补了道路上的一个坑洞。

回到我们的例子，在一项关于双向情感障碍患者污名化的研究中，我们当然想知道其他人已有的发现，避免重复别人已经知道的东西。不过，我们感兴趣的相关性更高的文献，都是在探索深层的理论。精神健康状况会导致怎样的污名化？污名化是怎样产生的？怎样进行预判？会产生什么后果？我们面对的是海量的文献，有些最优秀的心理健康社会学家在其中留下了自己的成就（Pescosolido et al.，2008；Thoits，2011；Link and Phelan，2001，2014）。这么丰富的文献既是机遇也是挑战。从好的一面来看，你能够跟很多人对话，也可能会有大规模的受众，他们本来就在关心你的研究话题。但这也会带来挑战：你有责任把握这样大量的文献，并在其中找到自己的位置。在一个已有很多人参与的领域中找到意料之外的发现，你不仅需要能够把自己的观察结果与不止一种理论建立关联，还要能够把自己的观察结果置于复杂的文献和思想的土壤之中。

关于这一点的重要性，我们怎么强调都不过分。唯一比声称不带任何理论就进入一个领域更糟糕的，就是只带着一种理论，也就是你“最喜欢的”理论，进入这个领域。只有一种理论或理论传统，意味着能让你意外的观察结果会非常有限。于是，许多优秀的研究者就被误导而反复“发现”社会资本，在华丽的措辞和大量的引文背后是原创性的缺乏，或者是从一开始就痛苦地知道自己能够做出的贡献有多么缺乏新意，他们的读者只能寄希望于经验数据足够有说服力，以吸引他们的注意力。

此外，随着理论和概念在实证研究项目中的广泛应用，仅仅阅读与自己的话题直接相关的文献会存在选择性偏差，因此还远远不够。你将要把自己放到一个由志同道合的研究者组成的网络中，你们就一个话题或一个领域以及什么才是意外发现已有共识。不过更广泛的思考会提高意外发现的可能性，也会提升你思考怎样解释自己研究发现的方式的能力，这一点也同样重要。我们将会在下一章中详细论述，我们提倡在自己的分支学科的舒适区之外，在自己的领域边界之外，进入其他研究者的领域开展广泛阅读。

这里举一个我们喜欢的例子：安娜・米勒（Anna Mueller）和赛斯・阿布丁（Seth Abrutyn）开展了一项有关自杀的研究。他们的研究背景是社会网络研究（米勒）和社会心理学（阿布丁），最初的研究设想是从社会心理学角度阐述涂尔干（Durkheim）有关自杀的开创性的研究成果。他们的研究建议是情绪和二元关系对自杀集群（suicide cluster）的影响，自杀集群是指一些自杀者在相近的时间和地点自杀而形成的群体。他们选择了加利福尼亚州北部的一个富裕街区“杨树林”，这里有一个青少年自杀集群（Abrutyn and Mueller，2016）。阿布丁告诉我们，他们在对“杨树林”街区的居民进行焦点小组访谈时，发现自己听到的故事并不符合“二元关系”的情感动力学：“安娜和我都意识到：第一，社区对自杀问题高度关注，没有表现出二元关系；第二，社区的团结程度很高，就像一个乡村小镇一样，每个人都各负其责。”这个谜题实在出乎意料（Mears，2017）。

面对这样一个在文化上和社会上都高度团结的社区，涂尔干有关“利他型”和“宿命型”自杀应该是相关度最高的类属，但这些类属不符合米勒和阿布丁在他们的观察中发现的强烈的羞耻感、成功的巨大压力和绝望的自杀尝试等这些叙事。他们还发现，流行病学文献能够提供的帮助很少，这些文献往往有太多描述性内容，而且讨论的是相互关系而不是过程。他们被这个谜题深深吸引住了，他们的分析主题之所以能够凸显出来，正是因为既与流行的理论不相符又令人费解。

在研究项目启动之初，我们主要将这些概念和理论当作启发式提问工具，帮助我们明确方向、进行思考、聚焦观察结果、构建问题和形成研究谜题。实现创新的方式之一，就是把不同领域或不同学科的东西带到自己的田野地点。

2. 融合运用各种观察方法

实现溯因推理还有一个补充条件，即在开始研究的第一天就要用好经验材料。扎根理论的编码范式强调并有效地发展了这种工作方式。不过，要进行溯因，我们就得重新思考扎根理论建议我们看待自己“发现”的分析类属和分析集合的方式。在扎根理论中，编码常常看起来像是数据分析的目的，而溯因分析的重点，却是对意外发现的时刻保持开放态度，并用于判定你手头的案例类型。通过放慢速度和留心观察，你就会更加慎重地思考自己看到的到底是什么，发现你曾经忽略过的谜题，并有时间去关注这些谜题为什么令人困惑。编码是数据分析中的分析性工作。借助现有的理论来抽象你的发现，能使你决定自己能够支持什么样的理论推论，也更清楚你的发现与其他人已有的推论有怎样的区别、在哪些方面有区别。这样看来，编码能够迫使你认真阅读自己的观察结果。编码的过程是搞清楚自己到底有什么的过程：通过将观察结果分离出来以进行陌生化，然后将观察结果放在与他人、与正在阅读的文献的对话中，以实现去陌生化。

田野笔记和访谈记录也会有帮助。研究者有时觉得他们好像只需要转录访谈中“重要的部分”，或者可以跳过田野工作中许多“无聊的”细节。虽然你可能觉得在第二十次看到同样的观察结果时，也许不需要记录得那么详细，但撰写和转录具体细节是无法被取代的。除了理论准备之外，你常常不得不放弃一些自己觉得理所当然的看待世界的方式，才能有意料之外的收获。文学理论领域的研究者已经证明，陌生化技巧有助于我们重新认识这个世界中我们以为自己知道的那些方面。

除了陌生化以外，本书还提倡使用两种不同的编码方式：一种是更加初级的形式，你可以根据实际对古老的修辞学基本问题“谁做了什么、何时、何地、以何种方式、有何后果”进行调整，用于分析自己的数据。系统地审视自己的观察结果，提醒自己关注在田野地点出现的各方人物、各个行动和各种后果。这种方式会迫使你弄清楚社会行动的各个部分对人们生活的影响，从而关注到被参与者视作理所应当所以想当然地忽略的东西，因此而有助于陌生化过程。不过更重要的是，这种方法能够为你呈现数据中的模式和例外，来说明你的数据能够支撑哪种理论推论。你捕捉的是自己想要捕捉的行动吗？你还有其他应该去的地方吗？这就是为什么在数据收集的过程中就要编码。如果你想等到完成观察之后再编码，就没法再回去提出新的问题了。因此，开放编码是你下一步做什么的行军号令。当你觉得自己的观察结果中出现了一个主题，开放编码会提醒你阅读他人的研究和理论。这样做，反过来也会进一步激发你对应该在自己的素材中寻找什么产生新的想法。

第二种编码形式是从一个特定主题开始，基于一个能够特别好地体现这个主题的**指标案例**，你觉得这个主题在自己的观察中非常有前景。聚焦编码方法是审视从相似的场景、互动和情境中获得的材料，然后把它们编码为一组。[1]阅读相关文献也会更加聚焦。再次重申，目标是系统地弄清楚你的素材能够支撑哪种理论推论。

编码是为了发现观察结果中的模式和差异，既要解释主要的形式，也要解释其中的异常。我们特别希望鼓励质性研究者去探索数据中的差异，因为质性研究的重复观察特别有利于发现看似相似的情境之间的差异。为了搞清楚这种差异，就要建立一个相似性和差异性的数据库。质性研究者能够长时间追踪一个现象，因此还能分析历时差异。第三种差异最为质性研究

1 有关符合扎根理论传统的聚焦编码的另一种理解，请参阅 Charmaz，2014。

所独有：我们可以切换情境，看看同样的人在家中、在街角、在工作场所、在公园和朋友们在一起时的行为。我们也可以跟踪一个货物，从它的源头到进入商店再到最终消费的过程。我们把这种变化叫作情境差异（Tavory and Timmermans，2013）。对差异进行历时编码或情境编码，有助于你在研究项目中开展分析。不过，在溯因研究策略中只是找到差异还不够，差异会告诉你观察结果中有哪些类型，但不能让你形成理论观点。

3. 找到谜题

你阅读他人的研究成果，你编码，但你的目标是什么？你**为了什么**去阅读或编码？作为社会科学家，质性研究者总是或隐性或显性地既想呈现一些东西，又想解释一些东西（Abend，Petre and Sauder，2013）。我们进行诠释的基础，是找到一个以令人感受强烈的时刻或模式的形式出现的谜题，然后看看怎样能够解决这个谜题。谜题是我们在社会世界中发现的特殊模式，诠释是有关社会生活为什么以现有方式运转的一个论点。

我们将之称为质性研究的危险边缘（Jeopardy）[1] 原则。分析观察结果是一种探索，是找出你的研究能够回答哪个问题。你已经有了答案，所以你的任务是提出正确的问题。在危险边

1 美国流行的电视智力竞猜节目，节目最大的特色是抢答者必须要以问题的形式回答出正确答案才能得到对应的分数。——译者注

缘问答中，参与者得用问题形式来回应问题中的线索。问答主持人可能会说:“与产品技术型号不同，这种苹果的名字里没有‘A’，是以 1911 年第一个发现它的幼苗的人的名字命名。”参赛者要把自己的答案用问题的形式表述出来。在这个例子中，以问题形式表述的正确答案应该是“什么是 McIntosh”[1]。同样地，在质性研究中，随着项目的开展，你也会对研究问题的答案有些头绪。你的观察结果就是你的线索。现在，你需要提出符合这些线索的问题。于是，分析观察结果就是个套入（casing）的过程，就是为“它能够成为什么理论的案例？”这个能够帮助你在实现理论建构的问题中找到答案。与智力问答不同的是，分析观察结果给出的线索不会漫无边际。你不会只是被动地接到线索。我们将会证明，你通过编码和应用现有理论收集了观察结果并培养出溯因观点，就是在创建自己的线索。主要问题是，每个项目都更善于回答某些问题，而不是另一些问题（肯定会有不止一个问题）。你的观察结果支持什么论点？你的数据有什么优势？

你得尽可能诚实地回答这个挑战性问题，因为研究者常常在项目结束时才意识到，他们希望自己当时能寻找某个特定方

1　问题的答案是北美地区的一个苹果品种 McIntosh。问题中会出现“与产品技术型号不同”这个线索，是因为苹果公司麦金塔电脑的英文名称原本想用 Mcintosh，但 McIntosh 这个商标已经被注册，所以加上“a”变成了 Macintosh）。——译者注

向的数据，他们真的很想自己的研究问题能够触及那个方向。你最好的机会是跟进数据最有力的那个方向，而不是仅希望自己的数据能更有力的那个方向。在相近的方向上收集更多的数据，可能会导致你一直在追求永远够不着的那堆更绿的草，因为当你收集更多的数据时，可能会觉得如果换个方向继续补充数据，就**真的**能够回答最吸引人的那个研究问题。可是如果你真的换到那个方向，就会觉得如果再多些数据……问题是，你对什么才是一个漂亮花园的认识实在过于狭隘。停止寻找更绿的草，开始为眼前的这片草地浇水和施肥吧！

当然，构建一个研究谜题的方式不仅仅是通过观察。有些研究谜题源自理论谜语（riddle）。移民文献中的主导故事是伴有挑战、种族主义、成就和不满的融入过程。新移民会适应居于主导地位的白人文化的标准（Portes and Zhou，1993）。研究普遍将美国白人视为制定标准者，是他们定义了学术成就的规范和参数，并以此来衡量少数族裔的成就。黑人和拉美裔是用白人的成功标准来衡量的（往往达不到）。亚裔可以称得上是模范的少数族裔，不过还是白人在设定成功的标准，他们还是归属感的看门人。研究者梳理了这些理论，用于解释少数族裔和美国白人在学术成就方面的差异。

然而，希门尼斯（Jiménez）和霍罗威茨（Horowitz）对与硅谷中心三代以上白人学生一起就读高中的东南亚移民的研究，却并不符合这个模式。相反，如果从早期文献来看，他们的研究发现不能仅仅用意料之外来形容，而是真正的令人难以置信。在学业成绩方面竞争激烈的学校，都是由亚裔移民设定标准，而他们的白人同学却达不到。在高中“失败的”亚裔能在学校作业中拿到B或B+，而“失败的”白人只能拿到F。“是个白人”意味着不会选择大学先修课程（AP课程）。学生把好学的白人叫作“精神亚洲人”，而参与或重视课外活动的亚裔学生则被叫作“假装白人”，是被“美国化”或“洗白”了。教师对白人学生更加宽容，确保他们不会挂科。库比蒂诺（Cupertino）的学生、家长和教师都接受了白人和亚裔的这种成功标准的反转：白人代表着表现差、懒惰、学习成绩一般，而亚裔则表现好、勤奋、学习成绩好（Jiménez and Horowitz，2013）。

从移民文献中现有的理论共识来看，这些发现令人震惊。现有文献将美国白人视为归属感的看门人，是他们决定着移民人口能够融入美国社会的哪些种族或哪些阶层（Portes and Rumbaut，2001）。这些发现也与有影响力的种族化理论相悖，该理论认为根深蒂固的、白人霸权的种族社会制度将少数族裔置于从属地位（Bonilla-Silva，2003；Omi and Winant，2015）。希门尼斯和霍罗威茨用移民人口的巨大规模和聚集程度来解释学业表现标准的这种巨大反转（他们开展研究时，库比蒂诺的人口中白人占29%，亚裔占63%）。不过用相对规模来解释还不够：在其他情况下，白人学生在数量上为少数，却依然能够定义成就的标准。阶级结构也有影响：移民的经济社会地位已经等同或超过了居于主导地位的群体。该地区没有第三个能够比较的种族群体，不过研究者们预测道，即使库比蒂诺拥有大规模的拉丁裔或黑人人口，白人依然不可能设定成就的标准。希门尼斯和霍罗威茨的研究，支持了强调进一步加强交流的移民文献。有的融入理论在帕克（Park）和伯吉斯（Burgess）的理论基础之上有了进一步的发展，将融入的概念放宽为将一个群体吸收到占主导地位的文化中、实现种群融合的过程（Alba and Nee，1997）。

再次重申，观察中的细节将会促进这样的诠释和理论构建。杰克·凯茨就民族志学者怎样通过观察中丰富而生动的细节来进行诠释并做了文献综述（Katz，2001，2002a）。观察到某个场景，可能会使人好奇它为什么会发生，不过要回答**为什么**发生，首先得回答它是**怎样**发生的，也就是成为现在这样的过程。问一个学生她为什么选择法学院，你很可能会得到一个答案，通常是重复申请文件中个人陈述的内容，能够反映人们追求高等教育的全部文化动机：赚钱、帮助客户、追求公正。如果你换成**怎样**式问题，例如你怎样来到了这所法学院？当时你的生活中发生了什么？你当时还有哪些选择？你怎么选择了这里？你就更有可能得到一个结合了规划和偶然的答案，其中有未了的心愿、失败的经历和其他可能的职业选项。你会发现这个过程中既有信心又有疑虑，还有很多有趣的部分，能够推动分析而不是限制分析。把人们对这两种问题的回答放在一起，常常会产生更多的谜题。

要审视对引人注目的事件的观察结果，这样的事件可能是意想不到的互动话轮、悖论、冲突、矛盾、谜团、困境、荒谬和不确定，再进行逆向思考或“倒推”。研究者要审视的，是在这个观察结果发生的特定情境中，是什么让它自然而然地发生。可以把“必要性乃发明之母”这句话换个说法，研究者的任务是寻找“必要性的条件”来解释创造性的时刻（Katz，2002a：73）。这样，基于社会力量的初步解释就变得灵活、有趣而又出乎意料。听起来熟悉吧？没错，这就是溯因逻辑在过程性诠释中的应用。

给我们的启示之一，是溯因分析不是从一个研究问题开始，而是以一个研究问题结束，这正是你不断聚焦自己的研究对象的结果。你从直觉开始，有文献和自己的毅力的支持。也许你和自己有兴趣研究的那些人一起生活过、工作过或一起参加过志愿服务。你自己的立场永远不能完全归入社会学家们通常关心的那些类属，但会影响你的预期，以及你可能会有意外收获的地方（Robertson，2002；Reyes，2020）。你的直觉也许已经很具体。但弄清楚你到底在研究什么、你的田野地点到底有什么好，才是研究过程的产出。在整个分析过程中，你都在完善这个问题。

4. 皮尔士的符号学和研究

这是一本关于溯因和怎样开展溯因分析的书。不过我们的研究也借鉴了其他实用主义理论。虽然你不需要先读过**那些书**中的任何一本才能阅读本书，但如果读过的话，可能会觉得我们的例子和我们的思考更加清晰。

除了溯因之外，我们还借鉴了来自皮尔士的符号学研究。符号学定义了质性研究最基本的分析单位。对于会话分析者来说，最基本的分析要素是话轮构建单位（TCU），即完成一个话语的会话的轮换。在两个人之间的小规模会话中，“你好吗？”“很好。但是我的背还是疼。”只要在“但是”这里换一种语调，这个话语中就有了转折，可以分成三个话轮，分别是问题、第一次回答和对问答的阐述。研究总统新闻发布会和警民沟通等不同主题的会话分析者，会把他们的数据分成这样的基本单位。

对民族志学者和访谈者来说，跟话轮构建单位相应的基本“底层”单位是意义建构的过程：一个符号表示一个对象[1]，并能够对世界产生某种影响，就称为符号学行为。皮尔士将意义的这种基本行为概念化为符号的三元体：

1 object，又译作客体。——译者注

> 我将符号定义为任何能够被其他事物（即符号的对象）决定的事物，而符号又决定着对一个人的影响，我将这种影响称为符号意义。[1]因此，后者由前者直接决定。（Hartshorne，Weiss and Burks，1931—1958，《皮尔士文集》第8卷第343页）

由此可见，意义建构由三个相互关联的部分组成。其中第一个要素是**符号**，可以是没有理由的约定俗成，也可以是与相应的对象联系更加紧密的特征。反过来说，符号本身并不能独立存在，而是存在于符号与对象的关系中，符号表示对象，或为对象提供意义。一个符号能够揭示一些东西，但由于人类感知的局限性，这样的揭示必然是不完全的：符号只关注对象的某些方面。于是，第二个要素就是**对象**，也就是符号表示的任意实体，既包括世界上真实存在的东西，也包括我们大脑中和公共文化中的观念。

不过，皮尔士的三元体中最具原创精神的观点，是意义建构，是实践的成果。为了证明这个观点，皮尔士认为意义建构的每一个行为中都包含一个符号意义，即符号和对象的相互影响。意义建构中的任何行为都要通过符号意义才能完成，除非意义建构对行动者产生了某种影响，例如开始形成理解、情绪

1 interpretant，又译解释项。——译者注

或行为，否则就谈不上建构。皮尔士借助符号意义概念，认为符号链意味着某个特定的符号化过程是否产生了影响。要理解意义，就要遵从符号化的顺序。他的符号学理论中，这三个要素构成了一个不可简化的三元体。一个符号标识、标志或代表一个对象，决定符号意义，而一个对象又反过来限制了在当前情境中可能会有的符号的范围。

回到上文有关背疼的简短会话，其中有两个基本符号学单位：引发回答的问题，以及对回答的阐述，这个阐述限定并表达了“很好”这个词。意义构建的符号学行为超越了话语。这些行为包括一个人逃离一只正在叫的狗（狗叫也同样是一种行为）、打开炉子烧水、听音乐时发现山上冒烟等，其中会包括思想和情绪反应的改变，例如当爱人抚摩你大腿内侧时的欲望。这样的行为可以是机械的，可以是有意的，也可以是偶然的；可以是人性的，也可以是与人性无关的。任何能够给什么东西赋予意义，或者给先前的想法、行动或感受赋予新的解释的东西，都能产生某种影响，从而成为意义构建的基本符号学行为。与话轮构建单位相比，基本符号学单位的定义没那么清晰，却更加全面。

以探索意义构建的符号学理论基础为出发点，能够形成一种理论启示，帮助质性研究者理解观察中微小的细节。接受符号学传统的主要观点，即可以把行为和互动看成意义的不断迭代，使我们能够更加灵活地认识和理解世界，这一点与质性研究的优势尤为契合。无论你感兴趣的是工厂里工人和管理层之间的冲突模式，还是非裔美国穆斯林怎样应对社区迅速贵族化（gentrify）带来的挑战，你的观察结果中都会包括涉及当下的意义构建、对未来应用的预测和对过往经验的借鉴。实用主义符号学为你提供了梳理、分离和关联这些基本单位的方法。使用这些基本单位，能够细致地观察行动是怎样展开的。[1]

从哪里开始

豪尔赫·戴卫·曼奇拉斯（Jorge David Mancillas）当时还是一个刚读完研究生第一学季的博士生，他坐在斯蒂芬办公室的桌子旁，掏出一本《溯因分析》，然后腾了点地方放了两份访谈记录。访谈对象是两个参加帮派的男人，一个是 38 岁的老黑帮，另一个是他年轻一些的朋友。豪尔赫的问题是他们怎么带着会死的可能性生活下去。他又打开自己的包，掏出了

1 我们自己使用皮尔士符号学的例子，请参阅 Tavory and Timmermans（2021）; Timmermans and Stivers（2017）; Timmermans and Tavory（2020）。

符号过程也是思考怎样做研究的一种有用的方法。作为一个研究者，你要向受众说明一系列观察结果。这些观察结果反过来会限制你能够做出的推论的类型。你不知道自己会对这些读者产生怎样的影响，但会想象自己的对话者对你的话题有一些了解和兴趣。你会预测他们可能的想法。这是一种不同寻常的指意行为（signification act），因为在你的文章或书得以与读者见面之前，你的成果不会得到多少反馈。当然，你还得让自己的成果通过一些看门人，比如编辑和审稿人。同时，在写作和决定引用谁的成果时，你的项目本身就在诠释他人的成果。把开展质性研究想象成一个沟通过程，你对解读者和可能的符号意义的范围的了解，应该与对研究地点的了解一样多，做到这一点会有所帮助。

更多的书。所有的书都是关于生死的。他有欧内斯特·贝克尔（Ernest Becker）的普利策奖获奖作品《死亡否认》（*The Denial of Death*），那是一本有关生死的社会学通识类教科书，还有一些其他的书。豪尔赫指着我们那本《溯因分析》的橙色封面，小心翼翼地说他非常喜欢在课间休息时阅读这本方法书，但很明显他有个迫切的问题要问。他想知道："我怎样才能产生这样的溯因观点？我从哪里开始呢？"

从哪里开始，这是个好问题。豪尔赫急切地想获得先机。那么，他从哪里开始溯因推理呢？思考这个问题的办法之一，是看看豪尔赫摊在桌子上的东西，从其中一个来开始。他应该从访谈记录开始，还是从《死亡否认》开始？这取决于你研究的动因：你感兴趣的是关于死亡的精神分析理论如何历久弥新？如何在当代"黑人的命也是命"行动和新冠肺炎疫情中依然有所启示，还是你更重视自己的访谈对象？怎样回答都没有错，但你怎样关联这两个动因，却决定了你接下来应该做什么。

豪尔赫最在乎的是他的访谈对象。他想研究自己在帮派中的幼时朋友，他们怎么应对在这么年轻的年纪却会遭遇近在咫尺而又无所不在的死亡，这看起来是个值得深入的主题。从访谈记录入手，的确是个不错的开始。在大多数研究项目中，访谈记录都是需要符号化的对象。这么做的话，就会限制可能的理论符号。如果靠数据来推动项目，在研究项目初期花几个月时间试图把握理论文献就没有多大意义，因为这些理论文献可能与项目并不相关。你当然需要对这些文献有一些了解才能开展工作，如果观察结果与特定的文献有了共鸣，再进行深入的钻研。不过数据会告诉你这个文献与项目的方向是不是相关。

豪尔赫和斯蒂芬一起阅读了访谈记录。豪尔赫的第一个问题与死亡相关，但那位年轻的帮派成员立刻说起了贫困：

> 死亡吗？我觉得……我有点害怕。我不是说害怕死亡，可是我害怕死了以后就没有人管我的家人。我不想如果我死了他们就过不下去，或者我没有留下什么让他们开心的东西。比如说钱，像钱之类的东西。我知道我家里穷透了，所以我怕死，因为他们很穷，又不是说我死了能给他们几百万，你懂的吧？我的人生想做出点什么来，这样我就不用操心钱，我的家人就能过正常的生活。

那位老黑帮也提到了贫穷的感受：

> 就像我说的一样，哥们儿，在来这儿［美国］以前，我不知道自己穷，因为我小时候在那儿［墨西哥瓦哈卡］从来不会觉得“啊，我的鞋子真破”。有时候我甚至都不穿鞋，我就在街上光着脚跑！你知道的，穿着二手的衣服……那里没有人管我穿着从旧货店买的破二手衣

> 服，也不关心我的鞋或者［墨西哥］凉鞋。有时候我都没有鞋。你就是吃了睡睡了吃，就是开心。直到来了这儿［美国］，我们才发现“什么，我们是穷人！”，就像是，你看我手上有个伤疤，兄弟。因为我妈妈在我 12 岁生日的时候买不起一件背心给我，我就一拳砸在门玻璃上。不是因为我恨我的妈妈，而是因为那个年龄我很沮丧，我想的是，“为什么我们这么穷？”

豪尔赫跟斯蒂芬谈到贫困这个主题时，解释说这个帮派曾经住在洛杉矶西部一个富裕社区，但因为房价上涨，帮派成员都搬离了，分散在洛杉矶的东边，不过他们还是会定期回到那个社区自己的地盘。跟他最亲近的一家八口，挤在洛杉矶东南部一家汽车旅馆的一个房间里。访谈记录中全是有关贫穷、需要钱、想要钱的内容。也许豪尔赫需要看看不同的书。与阅读人类学家在 20 世纪 70 年代中期对弗洛伊德有关死亡的理论的运用相比，对他来说，思考贫困与死亡、绝对贫困与相对贫困会有意义得多。于是，他需要读一些帮派生活经济学（Venkatesh，2000；Bourgois，1996）和社会阶级再生产（Willis，1977），甚至默顿的参照群体理论（Merton，1968）等不同的文献。现在还是需要读一读《死亡否认》，但还得读很多其他的书和文章。

回答豪尔赫的问题的第二种方法是回顾他的研究项目，想想它的开端。豪尔赫的研究其实不是从这些访谈记录开始的。在本科生阶段，他就参加了麦克奈尔导师的项目（McNair mentoring project）并写了一篇文章，内容是帮派成员怎样预测和看待过早死亡的可能性。（Mancillas，2017）他当前的研究项目，正是建立在这些临时性的研究尝试基础之上。豪尔赫就读博士的第一学季，都是跟一个有个年轻儿子的帮派成员的家庭一起度过的。不过，观察无处不在。一些帮派成员试图通过开设大麻药店参与正规经济。豪尔赫也观察到这个家庭和房东的冲突，还有家中兄弟们之间的冲突。因为他有驾照，几乎所有的笔记中都写到了开车去买酒的经历和在洛杉矶找停车位的麻烦。

重点是，分析并不是从那天、从斯蒂芬的办公室才开始的。有的项目在我们进入田野时才真正开始，但许多项目则不然。研究者的兴趣会随着时间慢慢成形，通常不是一个戏剧性的选择时刻。他们机缘巧合地在这里读到了一些东西，在那里上了一节课。所以，看到了另外的文献，这些都或多或少地融入了他们的项目，而不是做出重大的决定。豪尔赫已经无数次选择了他将要研究的内容，已经缩小了可以选择的研究路径。他希望自己的研究能够与伴有死亡、死去或成瘾的生活有关。如果溯因分析的目标是弄清楚一个人有哪种案例，那么这个项目已经很好地界定了自己的范围。

最直接地回答豪尔赫的问题，在研究项目中，不会因为记录了前两次访谈或读了一些有关生死的书，就能立刻形成溯因观点。溯因观点也不是一天天慢慢构建出来的。事实上，你得花大量的时间，通过编码观察结果和阅读不同文献来为溯因推理打好基础。大多数观察结果都会符合他人已有的观察和理论结果。大多数阅读都没什么参考价值。你会因为可能建立与文献的关联而兴奋一段时间，不过后来又舍弃了这种可能。在城市民族志等日益成熟的领域，进行创造性推理的门槛越来越高，因为轻而易举能够实现的目标都已经有人实现了，相应的文献越堆越高。答案是研读你的素材，进入田野，广泛阅读，和你的探究共同体一起讨论你的想法和发现。我们在本书中贯穿始终的观点，是有一些方法能够用于训练这些过程，但溯因没有捷径可走。

溯因观点将会少之又少，它们的数量和影响力可能不成正比，这正是它们值得追求的原因。我们的结论是，即使你的志向不是从根本上改变理论，只想对自己的数据有个最基本的解释，你依然能够在本书中找到开展质性数据分析的许多有用的建议。因为无论你在理论上有多大的追求，处理数据并用数据形成文献成果的基础工作都是有用的。

医学院的医生们会相互提醒，如果更常见的诊断结果的可能性更大，就不要做出不符合常情的诊断。他们说："如果你听到马蹄声，想到马，而不是斑马。"溯因要寻找的是斑马，不过你们大多数都只能找到马，本就应该如此。不过，斑马可能会在意想不到的地方出现，就像许多开车走1号公路（Highway 1）从旧金山到圣巴巴拉（Santa Barbara）的人经过赫斯特城堡（Hearst Castle）时一样。本书是在马群中寻找那只孤独的斑马的田野指南。

我们的一位同事兼朋友帕梅拉·皮克特（Pamela Prickett）想了想这个建议并补充道："是的，寻找斑马。不是寻找独角兽。"确实，我们感兴趣的不是追逐神奇动物，而是靠经验可以观察到的生活。

第3章

理　论

一篇没有参考文献的论文，就像一个无人陪伴的孩子夜里走在一个不熟悉的大城市：孤独，迷失，可能遭遇任何事。

——布鲁诺·拉图尔（Bruno Latour）

《科学在行动》（*Science in Action*）

研究者们以为自己是在理论建构时，常常不过是用或多或少令人印象深刻的抽象说法来证明自己的观察结果。这种做法是“使用理论”来使研究发现更具说服力和合理性。即使是本章开头所引用的布鲁诺·拉图尔代表作品中的这句名言，也同样假定引用其他学者的作品首先是能力的体现，而不是知识的发现。诚如拉图尔所述，每个参考文献都用于支持你的推论。不过这样的看法忽视了一个更具说服力的观点。“使用理论”不仅是为了增强你的论点，还能体现你从数据中找到意外发现并参与智识对话的能力。理论建构不是换一种方式来表述你已有的发现，理论建构将通过一长串引文来证明你的研究，但主要目标并不在于此。理论建构应当帮助你参与到正在进行的、有关这个世界的学术交流中，**并且说出一些引人入胜的东西**。

最理想的理论参与应该实现两个目标：第一，让你更好地认识自己的经验领域，从而产生新的问题、新的意外发现和差异轴（axes of variation）；第二，帮助其他学者认识和预测自己工作中的新模式，无论他们跟你是不是处于同一个子领域。换句话说，理论建构既要做些“内部”贡献，即推动你自己的研究，也得做些“外部”贡献，关系到你的论点的传播程度。

不过，如果理论需要传播才能真正激发思考，那么传播方式总是相同吗？传播的目的地也总是相同的吗？毕竟，能够激发思考不是一种内在属性，而是一种关系属性，是激发**某个人**的思考（Davis，1971）。那么，谁才是这个特定的某个人呢？除此之外，如果溯因分析的一部分是带着理论进入某个领域，那么我们应该带上哪些理论呢？

有理论，再上路

学者们以不同的方式来划分理论，甚至划分“理论”这个词的含义。加布里埃尔·阿本德（Gabriel Abend）在查阅质性研究文献时意识到自己发现了理论的许多个不同版本，就开始一直编号到了7（Abend，2008）。我们认为，更有效的方式是思考两种理想类型的理论：一种直接指向他人在同一个子领域中针对类似话题开展的研究，另一种则以更加抽象的方式覆盖了社会生活更加广泛的方面。这两种理想类型的理论中，理论参与的方式不同，受众不同，所需的理论准备也就不同。这时，拉图尔的引言就很有启发性，理论能帮助我们在困难的地域中找到方向。但要怎么做呢？我们认为可以让这个比喻更进一步，用两种定向工具之间的差异来强调这两种不同类型的理论，即地图和指南针。

假设你第一次去森林公园里的某个地方，你可能会在地图应用程序上查一下这个公园，找到它的位置，看看是在哪里。地图会给你提供一些可能的指引，既包括去公园的路线，也包括公园里的小道。就像那个在大城市的夜晚迷路的孩子一样，在森林里迷路也会很危险。如果你要去的公园离家很远，你不会说当地的语言，那么地图就非常重要。而指南针则是一种完全不同的工具。指南针在找到想去的那个确切目的地时给不了多少指引（除非你想去的是北极或者南极），却能帮助你穿越不同的土地找到要去的地方。指南针缺少特异性，却具有灵活性。地图是对一片土地的描述，而指南针提供的是方向，需要不断地校正才能应用于当下。

地图式理论展示了社会世界的图景，是外面有些什么的总坐标。换句话说，是关于世界的某个特定的部分到底是什么样的**实质性**理论。地图式理论的例子大多数是中型理论，这些理论支撑起一个学科，构成了各个子领域。组织社会学的地图式理论有“制度逻辑”“资源依赖”或“制度同构”。宗教社会学也会有自己的一系列理论，人们会争论“世俗化理论”的不同形式，或是“宗教亚文化理论”等。无论我们身处哪个子领域，都必须确定自己和一个或多个这种理论的位置。否则，我们就会进入田野，精心描绘任何人只要看一眼地图就能告诉我们的东西。可以想象一下，一位现代的制图师得意地向我们展示美国东海岸的地图，他做得很好，却似乎毫无意义。[1]

不过会有个问题。虽然地图式理论描述了一系列研究和它们的相互关系，但我们的地点总是独一无二的，跟其他人绘制过的其他地方都不同。人们可能会觉得，绘制这个地点就是在做不同的、具有理论吸引力的贡献，但是只有在加上描述时才是如此。“是的，那里可能有片森林，”你其实是在说：“不过你不想看看这棵美丽的树吗？”如果你觉得自己应该在理论以外的其他方面做出贡献，也没问题。如我们在第一章中所述，这样的贡献同样是开展质性研究的可靠理由。但如果你追求的是更广泛的理论贡献，那么当别人不为所动时，你也不应该感到惊讶。

指南针式理论则不同。指南针式理论是我们所称的**语法性理论**（grammatical theories），顾名思义，它们提供了社会生活

1　没错，我们知道没有一张地图跟另一张地图一样。制图是一个充满新的技术和理论发展的领域。例如，皮尔士曾在美国海岸和大地测量局（U.S. Coast and Geodetic Survey）工作，并采用新的方式对地球进行了投影，称为梅花投影（Peirce，1879）。

的语法（Tavory and Timmermans，2009）。它们告诉我们的是社会生活是怎样组织的，超越了某个具体的领域。它们给出的是你怎样进入某个地域的一般性方法，即你应该怎么走，而不是你具体应该走到哪里去。这种理论的特点是包含一系列关键词。指南针式理论不属于哪一个子领域，而是强调一般性概念：例如“交换”“互动”“边界”“阶级冲突”或“结构”。指南针式理论也是研究生在思考“理论”是什么时常常会首先想到的那种理论，他们会想到福柯（Foucault）的一般性方法而不是他具体的理论谱系，会想到布迪厄的一般性社会学观点而不是他对教育或阶级的贡献，会想到拉图尔的行动者网络理论而不是他的科学社会学。从这个意义上说，理论不会限制案例的边界，而是为超越某个特定案例的各种可能的故事提供了语法。

这种理论的一个例子，是我们两位作者都喜欢的、受实用主义启发的互动主义理论。如安塞尔姆·施特劳斯（Anselm Strauss）所述，符号互动主义教学是“开放的、部分是不可预测的……互动被认为是由规则、规范、命令指导的；但互动结果并不总是或完全可以事先确定”（Strauss，1969：10；Schoenberg，1997）。因此，在符号互动理论中，社会既部分地嵌入结构，又能在日常生活中协商，总是开放的，受到田野中行动者的重新表述（rearticulation）。从这个意义上说，符号互动论回答了过程问题。符号互动不关心田野的真实结构或其中行动者的兴趣，而是一种有关日常生活的社会语法的理论

（Henwood and Pidgeon，2003）。

实质性理论和语法性理论的区别，在于什么才算是理论贡献，对谁才算是理论贡献。对实质性理论来说，贡献的对象是界定相对清晰的某个子学科的受众。实质性理论要说服一群在相似领域开展研究的研究者的两个目标，这两个目标一个容易一些，另一个难一些。首先，需要说服他们你真的在田野中遇到了意料之外的东西。不过接下来，需要让这些研究者改变他们一直在用的地图，或者起码是认真审视他们一直在用的地图，才能把这样的发现转化为**理论**贡献。也就是说，需要向你的子领域中的研究者证明，你的发现的特征能够怎样迁移到整个实质性领域。你可以采取不同的方法，不过关于在田野地点发现的特征的解释，需要比手头数据的实质性细节更具普遍性。

语法性指南针式理论的贡献则更难实现。虽然不是所有的指南针式理论都像互动论那样包罗万象，不过都需要超越某个领域的特定地图。无论是在加利福尼亚还是纽约，指南针都应该一样好用。因此，构建指南针式理论就需要完成两个任务。首先，就像实质性理论一样，你需要证明在你的田野中有引人入胜而又出人意料的特征。不过接下来，你马上就得证明不同的子领域中存在一系列问题，研究者应当采取不同方式去研究这些问题；你的社会地域中的导航方式，在其他某些方面需要重新思考。这是个更加困难的挑战，原因很简单：受众的界定没那么清晰。受众可能包括子领域中阅读你的作品的人，他们对你的作品有真正的共鸣；可能包括理论家，他们阅读你的作品是因为它与其他作品一样做出了一般性贡献，与其他类似理论能够有所呼应；还有可能包括分散在不同子领域中的受众，虽然他们研究的是不同的实质性问题，你依然会尝试说服他们调整自己的社会语法。

这些理论之间的区别相对比较清晰。它们的功能不同，在不同的研究地点所开展的工作的普遍性不同，在理想状态下，面对的受众也不同。构建地图式理论或指南针理论的文章，最终也会发表在不同的期刊上。此外，它们为研究者带来的意外发现不同，因此研究者能够进行的溯因形式也就不同，我们将在下文进一步详细展开论述。地图和指南针的比喻之所以有用，还有另一个理由：如果我们是认真的旅行者，就不会**要么**只带着地图**要么**只带着指南针就进入田野。这其实不是一个非此即彼的选择。相反，一个进入荒野的旅行者显然应该既研究了地图，又带上一个优质的指南针。换句话说，我们永远不会只带着实质性理论或只带着语法式理论进入田野。我们两个都得带上。

选地图也选指南针：选择和意外

就像真正的旅行一样，你要去的每个新地方都需要一张新地图。如果只使用一张地图，就像是在说你将会只去康涅狄格州的一个小镇上度假。这当然也是可能的。不过即使你喜欢美国东北部，你可能也会想去东北部不同的地方。即使你就待在一个小镇上，你也必须时常更新地图。无论在多小的空间里，都有新的地方不停地冒出来。子领域总是在不断发展变化。

那么你怎么知道要选哪张地图呢？每个社会世界都很复杂，充满了同时发生又相互交错的现象。想象一张街区地图上只标注了下水道系统，第二张地图上只有每一种植被，第三张地图表示步行路线，第四张地图列出了有毒物质，等等。实质性理论就像这样，每一种理论都反映社会生活的某些方面。这里用停尸房或广告公司来说明，我们曾在这两个地方花过一段时间。停尸房是关于死亡的地方，不过也是个工作场所，与其他的工作场所并无区别。广义而言，它也是一个医疗设施。既然停尸房里的人（活着的人）按照科学原则把其他人（死去的人）归为某一类，那么复习一下你的知识社会学也会有所帮助。广告公司也是个工作场所，这个工作场所生产公共文化，也生产关于“文化”是什么的知识。只要在田野中待两分钟，或是读一下任何有关广告专业人员的书，你就会发现组织内部不同职位之间有趣的专业权限问题。另外，重要的性别关系和种族政治也绝对值得关注（在“创造性”岗位上的女性很少，广告业几乎没有有色人种）。你会很快意识到，有**很多**地图可供参考。

在极端情况下，这将是一个巨大的爱丽丝漫游奇境中的兔子洞。你根本不可能读完与你的领域每一种可能的理论相关的一切，也不可能关注到正在发生的一切。它无穷无尽，还有些令人泄气。那么，你应该打包些什么？你必须得随身携带哪些地图？

从我们的经验来看，可以用两种互为补充的方法，来确定哪些地图与你的研究领域最为相关。第一种方法，**选择明显相关的地图**。如果你计划启动一个有关人们工作经历的访谈项目，肯定需要了解一些关于工作和职业的社会学。无论你的数据中在发生什么，考虑到你选择田野地点是根据职业活动，你都需要了解这部分文献。民族志也一样。如果你研究一个教会群体，最好让自己熟悉有关宗教的社会学；如果你研究城市街区内部的贫困问题，则最好能了解城市社会学和丰富的种族与民族社会学文献。

这一点看起来好像无须赘言，但你会惊讶地发现研究者有多么经常地进入一个领域却没有阅读最显而易见的文献。这不一定是因为他们受到扎根理论的局限、懒惰或是无知，而是因为进入项目的那个特定的角度，有时会让他们觉得自己可以忽略这些显而易见的东西。例如，他们想研究扩展的亲属关系，所以在进行街头帮派民族志研究时只关注家庭社会学，而忽略了有关城市帮派的大量文献。或者他们想研究教会的组织结构，所以只阅读组织理论，而不熟悉宗教相关的文献。再或者，研究者研究社会健康网络，却没有参考有关健康和疾病的社会学和公共健康文献，这个例子简直让我们“抓狂”。他们假设健康和死亡相关的实质性问题对自己的研究无关紧要，所以文献阅读仅局限于社会网络。

恰恰相反，你的责任是熟悉其他人关于你的研究话题或相关话题已有的成果，没有捷径可走：当我们构思一个新的研究话题或确定一个分析主题时，第一步就是查询学术文献数据库，看看其他人已有的成果。我们输入一些关键词，开始浏览标题和摘要，选择几篇可能有用的文章，梳理它们的参考文献，慢慢地理清这个地域。我们会查询一个领域中我们不知道的术语；翻阅获奖图书和文章，了解这个领域中的人认为什么才能代表这个领域中最优秀的成果；如果我们走运的话，还可以咨询一个更熟悉这个领域的同事，试着迈出第一步。我们在写一篇文章时用到皮尔士的符号学类属来追踪和分析美国种族主义事件相关的视频（Timmermans and Tavory，2020），花了几个月时间阅读有关种族的社会学文献，缠着那些比我们更熟悉这个领域的同事们寻求建议，虽然写作那篇文章的主要原因是概要介绍与符号互动主义方法。

找到你所需要的地图式理论的第二种方法也同样重要，即我们所指的**参与原则**（Katz，2015）。这是严肃的质性研究分析工作的主要标志之一。作为质性研究者，我们工作的出发点是受访者或研究对象认为最重要的点。没错，我们看待社会世界的方式会受到理论的影响，所以提出某些问题，而不会提出另一些问题。不过，我们交谈的这些人会继续他们的生活，分享他们关心的东西。参与原则很简单：质性研究者必须像对待自己研究领域显而易见的理论构建一样，认真对待这些先入为主的主位（emic）关注点。

这里有一个与我们的直觉相悖的例子：有药物成瘾问题的人会撒谎。他们的谎言包括吃药，他们在哪里，跟谁在一起，做了什么，钱花到哪里去了，还包括撒谎本身。作为质性研究者，你怎么面对这些谎言？你应该尊重地听下去吗？你应该怎么使用这些谎言？在一个有关替代药品对阿片类药物和其他药物成瘾者效果的评估项目中，人类学家托德·梅耶斯（Todd Meyers）研究了成瘾治疗中的谎言，不仅发现谎言会破坏个体和医疗机构的关系，还发现药物治疗系统的目标是“欺骗”身体，以为治疗成瘾的药品其实就是真的成瘾药物。这些药品就像双面间谍，又是灵药又是毒药，而治疗目的本身就深深地自相矛盾。梅耶斯通过认真倾听谎言的作用，接受了谎言就是谎言，而不是对研究者能够接触到的真相的扭曲，证明欺骗与希望密切相关，因而在治疗情境中大量使用（Meyers，2014）。

然而，在你的探究共同体中，这些田野现场的解释与现有的理论化有不同的价值。我们并没有指望受访者能提供理论。他们当然不可避免地会对自己的生活进行理论构建，通常是感性的。在停尸房工作的人会有一种理论，解释为什么他们的尸检对象中某种人比另一种人更多，在广告公司工作的人会有一种理论，解释为什么有的客户是“好客户”。不过，如果我们所做的全部工作不过是重复这种最初级的理论化，那我们就是失败的研究者。实际上，这正是乏善可陈的质性研究最常见的特征之一：复述对话者的类属和民间理论（Brubaker and Cooper，2000）。你要做的不是把他们的关切当成社会理论，而是当成查阅社会科学文献的指引。例如，当伊多的学生和合作者索尼娅·普雷拉（Sonia Prelat）发现她访谈的阿根廷商人不停地谈论过去的经济危机，以此来解释当前的不稳定状况时，她不得不停止阅读有关工作和职业的文献，转头阅读有关集体记忆的文献。另一位学生伊丽莎·布朗（Eliza Brown）发现自己有关试管婴儿医患咨询的民族志笔记经常回到钱的问题上，所以不得不阅读更多的经济社会学文献。作为质性研究者，我们应当从自己的访谈对象和研究对象的关切出发，去查阅这个地域更多可能的地图。

找地图的方法不止这两种模式。研究中总会有曲折和反复，你就需要查阅其他方面的文献。我们在本书中始终强调，无论是找到意外发现还是解释意外发现，质性研究中真正的工作是对数据片段进行编码、解释差异和构建理论叙事。我们认真分析数据以找到可能的主题和谜题时，可能会发现我们的对话者没有特别强调的主题，而这些主题在观察结果中会反复出现。这些时刻，就会需要相应的地图。

我们怎样选择指南针式理论呢？这是个不同层面的问题。相对来说，在田野现场很少会被迫需要选择用布迪厄的术语还是用理性选择理论来思考，或是被迫选择阅读互动主义还是马克思主义理论。这看起来也许工作量的确很大。你不可能阅读一般性理论的所有内容，如果你是个面临时间压力的研究生，还得牢牢掌握这一带的地图，就更加不可能。

这里有一些指导性原则。首先，你很快也会发现，地图和指南针通常是打包出售的。买两张地图，就会免费送一个指南针。有一些子领域喜欢某一种指南针胜过另一种。这很像阿黛尔·克拉克和雷伊·斯塔曾将互动主义和扎根理论称为“理论方法包”（Clarke and Star，2008），有一些“指南针地图包”能够帮助研究者找到自己的实质性研究领域对应的特定的指南针式理论。例如，无论是不是昙花一现，无论地图和指南针是否十分契合，有关科学和技术的当代研究大多数都得应付行动者网络理论。除了这些领域之外，同样存在寻找特定指南针理论的压力，只是更加分散。不是所有的城市民族志学者都是互动主义者，但只要粗略浏览他们的子领域，就会发现互动主义这个指南针式理论塑造了民族志领域。同样地，教育学学者不一定必须深入阅读布迪厄的全部作品，但如果这么做的话，会帮助他们更好地理解自己所在地域的地图。

关于选择理论就说这么多。这些导航工具的区别不仅在于其特异性，还在于怎样带你找到意外发现的方式。如我们在上一章中所述，溯因分析的关键之一，在于意外发现总是在理论预期的背景下才会出现。如果理论的基本结构不同，我们就必须问问自己在研究过程中会出现哪些不同类型的意外发现。

通过不同的意外发现来推动研究

人们用地图时会遇到哪些类型的意外发现？子领域中有怎样的溯因模式？一般而言，读地图能够带来两种相互补充的意外发现，如果你遵守了上文**“读明显相关的地图”**这个原则，就更是如此。第一种意外发现，是我们在地图上没看到的东西，在田野中却很明显。你去一个不太熟悉的地方，通过读地图来做好准备。然后，当你用地图在那个地域中导航时，却发现一个不应该在那里的峡谷明明就在那里。你又检查了一遍地图，确保你不是看漏了。真没有，那里真不应该有个峡谷。相反的情况也可能会发生。你用的这张地图显示，在你穿越的这片地带中央有一条湍急的河流，但等你到那里时，却发现不过是一条浅浅的小溪，人们都不需要停下来试试水深就能穿过。这就是意外发现。

当然，大喊“意外”还不够。遇到意外发现并不是探究的终点，而是探究的起点，或是探究的过程。一旦找到意外发现，理论贡献就在于绘制地图，而不是满足于指出错漏。从实质性理论的视角来看，做出理论贡献不是证明地图有错**本身**，而是证明它错在**哪里**，以及哪里有变化（或从哪里开始就错了），最终是要修正实质性理论。不过，溯因的关键时刻还是意外发现的时刻。

切奇莉亚·梅尼瓦尔（Cecilia Menjívar）的《支离破碎的联结》（*Fragmented Ties*）一书，就是这样一个实质性意外发现的例证。这本书是有关美国萨尔瓦多移民的民族志和访谈研究，得出的结论十分引人注目。有关移民的文献通常假设移民有着相同的地位，所以移民网络是（情感和劳动就业中）支持和援助的来源。不过，美国有关无证移民的论战则反映出不同的结论。如梅尼瓦尔所示，法律地位渗透在移民网络的结构中，导致了新的、令人不满的地位区别，而“移民网络”这个概念忽视了这种区别。与文献相比，有证和无证移民的法律地位差异描绘出的图景远没有共同族裔联结那么美好。与移民网络在物质、经济和情感上提供相互支持的浪漫观点不同，梅尼瓦尔发现新来的萨尔瓦多人和他们已经定居的亲人和朋友之间的联结脆弱而充满冲突，并且很快就会耗尽（Menjívar，2000）。

这里的意外发现正是发现了地图上没有体现的模式。梅尼瓦尔研究的移民网络与主流文献中“应然”的行动方式不同。当然，重在怎样解释这个意外发现。梅尼瓦尔采取了双重策略。第一个策略是指出实质性理论不够谨慎。移民网络总是不像“移民互帮互助”的想法那么简单直接。这是质性研究中一种常见的措辞，在访谈记录和民族志田野笔记的显微镜下，一切看起来都更复杂、更多样。不过第二个策略更有说服力，梅尼瓦尔聚焦法律地位，认为合法性模式的变化会改变这种联结的运作方式：美国政府通过法律类属来区分移民。从某种意义上来说，这个地图没有起作用，因为一场政治地震改变了这片土地。

另一个例子是柯林·杰罗马克（Colin Jerolmack）和埃德·沃克（Ed Walker）的“请选我的后院”（Please in My Backyard）一文，文章主题是宾夕法尼亚州农村地区水力压裂（天然气液压钻井）政治，描述了研究者在田野中遇到意外发现并分析意外发现（Jerolmack and Walker，2018）。文章以杰罗马克关于一个成为水力压裂产业中心的社区的民族志为基础。他在这个社区中待了一段时间，发现许多家庭都因水力压裂而直接受到损害：他们的饮用水被甲烷气体污染，他们的房产上不断有卡车驶过，或者液压泵的噪声和燃烧的火焰让他们整晚都睡不着。然而，杰罗马克的田野地点的人们欢迎水力压裂，即使给他们造成了人身伤害，也依然维护这个产业。这与他正在阅读的环境正义这个子领域的文献相反，那些文献都关注弱者在抵抗环境危害方面有多么无能为力。他发现了一个与“别选我的后院”（not in my backyard，NIMBY）的故事相反的故事，即“请选我的后院”（please in my backyard，PIMBY）的故事。

这个意外发现是意料之外的研究发现的第一个火花。这个意外发现使杰罗马克的故事不但在理论上令人困惑，还在情感上具有张力，至少从环境社会学的角度是这样。不过与梅尼瓦尔通过描述政治环境中的结构性改革来解释她的理论谜题不同，杰罗马克采取了不同的方式。他没有去回顾历史，而是审视了从自己的数据中看到的其他过程。与基本上是个人主义取向的“别选我的后院”主义还是“请选我的后院”主义讨论相反，杰罗马克看到，在许多情况下，人们在一起谈论水力压裂，共同认识自己的社区。他发现，这些聚会和讨论是一种动员形式。随后，他与政治行动和社会运动方面的社会学家埃德·沃克合作，将这个环境社会学视角下的意外发现与有关动员和集体行动的文献关联起来。他们证明了居民支持水力压裂的“无声动员”，这种支持的基础是自由意志个人主义的道德观，以及对左翼环保主义者和政府干预的怀疑，同时也是出于那些通过租赁自己土地赚到钱的人的团结一致。换句话说，社会运动文献能够部分地解释环境正义理论视角下的这个意外发现，不仅能解释**这个案例**为什么有所不同，还能敦促环境社会学家考虑他们以前没有注意到的动员形式。

因此，当我们在自己的研究领域中穿梭时，会发现手头的地图已经没用了。无论是人、组织还是机构，都不会以我们的前辈预期的方式行事。我们花更多时间探索这个领域时，会发现行动者面临的新问题将我们引向不同的文献。于是我们就去阅读那些文献，试着找到一个更可靠的理论抓手。在某些情况下，例如杰罗马克和沃克的案例中，第二个领域的文献有助于解释某个场域中第一个显而易见的领域的文献应该能够解释的东西。重点不是我们要像有时要求研究生去做的那样“关联两个领域的文献”。划分文献的领域并没有真正的价值，只能说明作者有动脑的能力而已。重点在于，一个地图中出现的意外发现可以与另一个地图，也就是另一种实质性理论关联起来，来部分地解释这个意外发现。

所以，实质性意外发现相对来说直截了当。要么是不应该出现的东西出现了，要么是应该出现的东西没有出现。分析这些意外发现的方法各有不同，上面举的例子只是许多人在用的两种策略，不过意外发现的本质很简单。

相比之下，语法式指南针理论的缺陷就没那么清晰。由于这些理论本身的分散性质，研究者不太可能预先知道，从语法式理论出发，去哪里寻找意外发现。这种意外发现也肯定更多的是机缘巧合。不过重要的是，至少就本书强调的理论贡献而言，语法式意外发现与实质性理论很像，都来自经验发现。

让我们回到斯塔和格里塞默的边界对象概念。这两位研究者并不是从边界对象的想法开始研究的，而是对一个理论谜题的概念创新。他们希望了解美国研究博物馆的兴起。19世纪，由于业余博物学家的努力，自然历史博物馆的早期形式在美国得以普及。但建设专业的博物馆需要一种不同的方法。他们是怎么做的呢？

成立于20世纪初的加州大学伯克利分校脊椎动物博物馆（MVZ）是一个值得研究的偶然案例，因为它的第一任馆长约瑟夫·格林内尔（Joseph Grinnell）对自己的决定及其实施情况进行了详细的描述。他的记录中还包括与博物馆的赞助人

（也是狂热的业余动物收藏家）安妮·M. 亚历山大（Annie M. Alexander）大量的往来书信。通过这些档案资源，斯塔和格里塞默开始认识到捕猎者、馆长和业余收藏家在收集物种方面有多么巨大的差异。这里的谜题是：馆长将博物馆变成一家科研单位的意图、业余收藏家翻箱倒柜的藏品和捕猎者的生计之间的分歧。捕猎者知道怎样捕捉动物，但他们几乎完全不会去保护动物，只会保护它们珍贵的毛皮。

如斯塔和格里塞默所述，实际的工作开展就是收集藏品的最大公约数，既能让不同的行动者达成共识，又能实现专业科学方法的理念。虽然科学家、收藏家和公众都有兴趣保护加利福尼亚州的哺乳动物、鸟类、爬行动物类的完整记录，不过收藏家对严谨的科研工作就不太感兴趣。因此，格林内尔需要努力实现技术的标准化，以确保收集标本的质量。捕猎者提供了许多标本，不过他们更感兴趣的是金钱，而不是完成记录和保护工作。

斯塔和格里塞默在档案记录中发现了许多使集体行动得以顺利开展的物品，包括标准化的程序，也有用于协调集体行动的野生动物图表，无论是捕猎者、收藏家还是科学家都能使用这些图表。但该如何从理论上解释这一点呢？

当然，这项研究的启动不会是与理论无涉的，而是直接受到两种有力的语法式理论的直接影响。第一种是由斯塔（安塞尔姆·施特劳斯的学生）和格里塞默带来的实用主义理论倾向。

就像霍华德·贝克尔的《艺术界》(*Art Worlds*)一样，作者回顾了博物馆历史上不同行动者的贡献。他们没有假设自己已经知道那些主要的行动者是谁，而是保持开放性，基于每个人的角色和影响创建了一个清单。从这种实用主义传统出发，他们也假设自己寻找的是非常实用的答案。也就是说，不是人们内心深处相信什么，而是他们在**建立**一所研究型博物馆时做了什么。斯塔和格里塞默在整篇文章中贯穿的第二种理论，要归功于行动者网络理论的出现，这种理论认为非人类的行动者“行动体”(actant)，在任何此类世界中都是同等重要的要素。[1]

回头看来，斯塔和格里塞默的理论观点很简单。他们认为，不是各方定期磋商分歧并就科学收藏的意义达成了共识，而是像野生动物图表、最低限度的规定甚至动物毛皮等东西促进了集体行动的协同，因为它们**是**一个联合项目的最大公约数，不需要参与各方复杂的磋商。边界对象是协调许多不同视角共同行动的关键所在。“边界对象”，他们写道：

> 既足够有弹性，能够根据当地的需要以及使用它们的各方的限制条件进行调整，也足够有力度，能够在不同的田野地点之间保持共同的身份。它们在一般性使用时结构很弱，在每个田野地点使用时结构就变得很强。

1　事实上，斯塔和拉图尔（行动者网络理论的先驱）之间的影响是相互的，斯塔向拉图尔介绍了实用主义思想（Bowker et al.，2015）。

> 它们可以是抽象的，也可以是具体的。它们在不同的社会世界中有不同的含义，但它们的结构在不止一个世界中又足够相同，因此可以识别并作为转译的手段。创建和管理边界对象，是在相互交叉的社会世界之间构建和保持一致性的关键（Star and Griesemer，1989：393）。

斯塔和格里塞默的理论创新，已经成为社会学家的一个首选概念，帮助他们寻找既能够协调多个社会世界、又不会消除所有内部群体的差异的对象和工具。在主要以谈判和共同的“情境定义”来对协调行动者的行动进行理论构建的理论背景下，斯塔和格里塞默证明了有时是对情境的**定义不足**（under definition）促使人们有能力一致行动，而不是通过达成共识实现了这个目标。这个观点开启了一个社会学家能够探索的全新的地域，远超过科学这个子领域社会学的具体地图。就像好的指南针式理论一样，边界对象也在不同领域中应用得很好，例如在弹性理论（resilience theory）中的应用（Brand and Jax，2007）。斯塔和格里塞默的例子也表明，做出“指南针式理论”贡献不需要我们换掉自己一直在使用的那个指南针，而是需要我们去校准它。边界对象的概念依然植根于互动主义理论，但它有不同的定位。不是所有的指南针式理论创新都能造就“宏大理论”。理论化的重点不是丢掉我们过去的导航方式。就像大多数地图式理论贡献不需要有全新的地图一样，更偏向语法式理论的贡献很少需要有全新的指南针。

何时阅读？何时停止？

本章阐明了我们认为在田野中什么才是理论上的意外发现，并将做出理论贡献的模糊愿望阐述得更加具体。我们总结了基于经验研究的理论贡献的主要特征。这并不是说没有其他的理论写作方法，例如提高抽象程度，最终的写作模式中经验好像永远不敢露脸。不过最好的理论化，包括某些人认为的“纯理论”，例如皮埃尔·布迪厄、杜波依斯或欧文·戈夫曼（Erving Goffman）的作品，都与我们展示的这些研究相似，始于数据中的意外发现和理论建构。

最后，这种思考理论建构的方式也会影响我们**怎样**阅读（Swedberg，2012）。从许多方面来看，溯因分析的问题是要求你在一个永远也读不完的世界中阅读，而且是广泛地阅读。如果有抱负的扎根理论研究者为了阅读理论，就有永远陷入永无休止的主题和子主题清单之中的危险，那么一位溯因分析研究者可能会觉得他们永远也不可能阅读足够的书以获得相应的意外发现。那么，你应该怎样阅读？何时阅读？你能停止阅读吗？

实质性阅读和语法性阅读的节奏不同。阅读实质性理论的爆发通常是一阵一阵的。第一次阅读爆发会发生在你进入田野之前。美国研究生训练中的论文选题和“综合考试”会完成一些这样的阅读。你必须在自己进入的这个子领域中广泛阅读。你会需要几个月的时间，把自己沉浸在文献中。然后就是跟着引人入胜的引文和参考文献，每隔几个月看看是不是有什么有趣的文章发表在这个子领域的出版物上。在某些学科中，会告诉有抱负的研究者，把阅读新文章的摘要作为一天工作的开始。虽然我们现在不会这么做，不过一个月左右查阅一下子领域的期刊总是会有帮助。随后，你在田野中会跟着自己在笔记或记录中发现的有趣的观察结果，经历其他几次阅读爆发，把你带入另一个实质性领域。

这种阅读模式可以部分地预测，有阅读的爆发和相对平稳的时期，而语法式阅读的节奏则有所不同。有时几个月过去了，都不会有任何的语法式阅读；有时你会发现自己完全沉浸在一系列著作或围绕一个概念的辩论中。如上文所述，这是在田野中要重视实质性 / 语法性理论包的问题。事实上，语法式理论一直会在那里，等着你去读。反过来，这就像是持续存在着一种不算大的压力，让你去阅读和思考各种相关的语法式指南针理论。不过不需要那么费力。把指南针式理论，包括行动、实践、权力和结构理论，都当作工作中持续的一部分。你需要快速阅读这些理论去“了解一切”，在这种阅读中没有明确界定的终点。这更像是智识生活中持续不断的嗡嗡声。这种想找出深刻的思想者写了什么的好奇心，可能就是我们中许多人都读到研究生的原因。

然而，如果你在田野中遇到一个像是语法式意外发现的意外发现，那么阅读的压力就发生了变化。如果你的目标是贡献于语法式理论，就得围绕你试图做出贡献的那个概念或过程方法大量阅读、认真阅读。没错，为了确保你不是在重复前人做过的工作，就需要像对待一个子领域一样对待语法式概念或过程，你得深入了解这个概念或过程是怎么论证的，以及为什么要论证。所以，语法式理论阅读的高峰出现在你与田野的接触中，不过只有在你不断尝试这种理论化的背景下，才会成为可能。

但是，这又提出了一个更加难以回答的问题。什么时候停止阅读呢？这既是一个现实问题，又是一个存在问题。毕竟，如上文所述，你在田野中会遇到太多可能重要的事物。例如，你访谈的工厂工人可能有家庭，并在访谈过程中不断提及。你应该变成一个家庭方面的社会学家吗？可是他们也把自己称为“男人”。那么你应该变成一个性别方面的社会学家吗？再接着还有教育问题，这实在是个重要的问题。那么，现在怎么办？你应该就这样永远阅读下去吗？

更现实的是，对许多人来说，停下来开始写作的想法十分可怕。伊多在以色列（Israel）读硕士时有位导师阿维·科尔多瓦（Avi Cordova），这是一位才华横溢、极具魅力的教师，影响了特拉维夫大学（Tel Aviv University）几代学生的思想。这位导师曾经告诉伊多，他始终认为写作同时需要无知和无畏。科尔多瓦既不无知也不无畏。他总是觉得在动笔之前还需要知道更多，他总是不够无畏地假设他对现象的理解就是正确的理解。因此，他重新调整了自己的精力，继续教书、思考和阅读，他从未写作。

担心阅读太多或阅读太少都可能会阻碍最好的研究项目。不过在实践中，找到这样的平衡可能不像抽象上看起来那么麻烦。其中一个实践的答案就是意外发现。你遇到一个意外发现之后，就停止阅读其他实质性话题。这不是说你永远停止阅读，不过起码要有一段时间聚焦于这个意外发现，以及构成其必要背景的实质性领域。

无论是回答现实问题，还是回答存在问题，另一个答案都需要我们退后一步。试图覆盖受访者生活的方方面面，不断地填补我们所有人都面临的巨大的无知，不自觉地假设写作是一件孤独的工作——在文章或书的结尾，作者需要想象她已经在自己的领域做出了决定性的、持久性的贡献。就像是一张永恒不变的地图，由一个永远可靠的指南针支撑。如果我们这样想象自己的工作，那么每一次没能覆盖这个领域的某个方面的失败都是不可挽回的，无知的后果可能是毁灭性的。

我们的书是一个探究共同体中持续进行对话的一部分。我们当然希望在对话结束时能够展示一张更好的地图，不过如果每次我们说点什么，都希望对话就此结束的话，那我们就是糟糕的对话者。这就好比希望我们的地图是每个人都需要的、唯一的一张地图。如果我们正在进行持续的对话，那么何时停止阅读、开始写作这个问题的答案就不那么令人担忧了。如果有什么与阅读的文献、听你演示的同事、跟你讨论你还不成形的成果的人相关的又十分有趣的东西，你觉得想说，就可以停止阅读。然后，你就开始写作。把自己的写作成果呈现给不同的受众，也同样重要。很可能有人会指出一些你应该阅读的东西。要欢迎这样的建议，而不要害怕。不过，如果真的发生了这种情况，说明你已经有初稿了，而不是只有焦虑和桌上堆积成山的文章和书籍。

第 4 章

收集数据

如路易斯·巴斯德（Louis Pasteur）所述，“在观察事物之际，机遇偏爱有准备的头脑”（Pasteur，1939：131），这已经是老生常谈了。意外发现也需要有所准备，而且不仅仅是我们的头脑需要为意外做好准备。一个社会科学家的大脑能够充分准备好，她可能已经阅读了所有需要阅读的东西，并构建了她希望构建的所有理论地图（她不可能构建所有的，但让我们姑且这样相信）。然而，无论如何，如果这个非凡的大脑没有遇到促使她以不同方式看待世界的观察结果，那么她的准备基本上是徒劳的。她可能会写一些有趣的小册子，但她将要构建的理论会是一个纸上谈兵的社会学家的理论建构，而不是那种你在研究中亲身实践构建起来的理论。了解你所在领域的理论地图至关重要，然而只有通过观察结果、理论和你探究共同体之间的相互关系，才能出现令人兴奋的意外发现。

在上一章中探索过理论之后，培养溯因推论就把我们带到了研究设计：如果我们想要找到意外发现，应该怎样收集数据？这个问题的答案比看上去更难。虽然从一开始就参考理论地图很重要，但没有任何魔法咒语能确保你的田野地点或受访者能够产生意外发现。的确，如果你追求的是意外发现，我们会提醒你，田野地点中什么才是有趣之处，不要知道得过于清楚。我们不能告诉你访谈多少人或在田野地点待多久。在更多地了解你的项目之前，我们也不能给你提供建议。[1]

不过，如果你在寻找意料之外的发现，我们能够就**怎样**在田野中收集数据提供一些建议，也能够提醒你注意某些会让意外发现的出现变得更难的研究实践。这就像那句计算机程序员名言一样，输入的是垃圾，输出的也是垃圾，你的观察的质量和范围，都会决定你的分析能够走多远。溯因推论的基础，是主流理论视野中意料之外的观察结果。因此，如果你不知道要观察**什么**的话，整个科学发现的过程都将是徒劳。

在本章中，我们将首先介绍一些旨在实现深度访谈和民族志的抽样方法。随后针对主要基于访谈或民族志性质的研究，提供不同的，实际上是截然相反的指引。虽然民族志和深度访谈在分析时有共同之处，但二者作为收集数据的方法则有所不

1　有些东西是常识：如果你开展了一项有关怀孕经历的项目，但只访谈了 6 对夫妇，许多读者会想为什么访谈数量这么少，毕竟怀孕妇女并不难找到。可是如果你访谈了 6 位欧洲司法部长，就可能是个巨大的成就，因为每个国家都只有一位司法部长。开展一项怎样成为律师的研究，可能需要你追踪一批法学院学生完成三年教育到获得第一份工作。其他一些现象生命周期则很短，或散布在分散的地点，要想搞清楚整个现象需要快速拜访或不请自来地电话联系很多人。在你的研究中加入更多的分析变量，可能会增加访谈或观察的时间。没有一成不变的规则。也可参阅 Lareau（2021）。

同（Jerolmack and Khan，2014；Lamont and Swidler，2014；Pugh，2013；Vaisey，2014；Gerson and Damaske，2020），这些方法以及它们的组合也有无数变化形式（Rinaldo and Guhin，2019；Tavory，2020）。二者的差别不是“做”和“说”那么简单，说本身就是一种情境式的行动，民族志中也全是人们的会话。问题的关键在于，对希望获得有趣的观察结果、与直觉相悖的推论或意料之外的发现的研究者来说，这两种方法提出的要求不同。访谈能够给你的数据有限，还很少能够重演，而你的工作是构建一个能够提供最好、最广阔平台的访谈指南。民族志是对各个群体随心所欲的观察，能够灵活地处理多个研究焦点，甚至会过于灵活，因此需要进一步明确分析焦点。

我们认为，在访谈研究中真正进行溯因，意味着研究者要从策略上对数据收集先作聚焦再作**去焦**处理。这种去焦是指超越其他人在他们的项目中已有的成果，探索看起来没那么相关的话题，为意外发现留出空间。民族志学者要做的则相反：我们鼓励他们在收集数据的过程中，通过**聚焦**手头的素材，认真审视自己的观察结果。就这两种质性研究路径而言，我们指出了在研究设计的方法论中加入“意外发现的置信区间”的方式。想想数据收集怎样触发意外发现，促使我们思考位置性问题——即我们自己的复杂立场怎样影响意外发现和研究可能。最后，我们提醒要注意一些在质性研究中见得越来越多的普遍实践，例如依赖视频、质性分析软件和大样本访谈研究等，这些手段都可能会让你的分析变成**摘录分析**（excerpt analysis），即以碎片化的方式看待观察结果，没能对它们进行应有的处理。

共同的焦点：谁、何地？

质性研究常常忽视抽样（起码在实践中是如此，在方法书中倒是常常长篇大论）。在许多情况下，研究者研究一个离自己的居住地很近的地点，因为这样很方便；或是从恰好已有的几个联系人开始，通过雪球抽样选择访谈对象（Krause，2021）。他们确定交谈的人数既有现实原因，也有习惯因素：25 个或 39 个[1]受访者听起来是个非常好的数字，能够减少审稿人可能会有的顾虑，让研究者有空间发现一些差异，所以，他们努力找到 25 个符合某些预先设定的入选标准的人。我们不可能覆盖所有关于质性研究抽样的文献，但这里想强调一下认识到自己选择人或地点的方式的局限性有多重要，同时也认为抽样是一种激发溯因观点的方法论路径。

让质性研究者感到最焦虑的场景之一，是当你演讲时有人站起来问你是不是有意选择了最好的数据。会引发这种关切的

1　查尔斯·博斯卡（Charles Bosk）和我们都认为，在开展访谈中，没有一定要追求的平均数。不过，他告诉自己的学生，像 40 个这样的整数有点太“整”了，推荐他们总选择一个非整数。41 个这样的数字代表你追求的是 40 个，但刚好发现了一个额外的受访者。当然，39 个这样的数字代表你的目标是 40 个，但就是少了一个受访者。

一个迹象，是你的受访者听起来一模一样，或你总是援引同一个受访者的话。或者其他数据，例如调查研究，表明你所宣称的最普遍的关切，其实不过是某个模式中一个极端的例子。一旦暴露出这样的问题，就很难弥补，因为这意味着你的研究缺乏经验的支持，而是由有偏差的（因为缺乏代表性）议程所驱动。

尽管偏差问题在跨学科研究中是个常见的挑战，但许多质性研究者都认为这样的批评并不公平，是在说他们在研究中使用了不恰当的标准。在某种程度上，他们这么想也没错：一两个街区的民族志或 25 个受访者的访谈研究，绝对不可能在统计上代表大规模人口，随机选择的小样本能够获得的成果也十分有限。你只能选择一个“普通”或“典型”的街区 / 美国人，让他们代表整个国家（Small，2009）。

不过，虽然你不应该追求统计上的代表性，还是应该知道自己怎样选择观察结果，有的方法好一些，有的方法差一些。克利福德 · 格尔茨（Clifford Geertz）提醒我们，没有完全无菌的环境的确是事实，但这并不意味着我们应该在下水道里做手术（Geertz，1973：30）。就抽样而言，就是说在招募人选时要深思熟虑，反思这样的招募过程会不会导致研究发现中的选择性偏差，而且破坏溯因推理。

首先，具体来说，你不仅应该标出你计划去观察的田野地点，还应该标出你本来能够观察却没有去观察的田野地点，分析它们之间的不同。实现这个目标有个不错的方法，就是问问自己“如果我是自己这项研究的研究对象之一，我还能去哪里？”以及“其他人会不会在其他地点或以其他方式做出同样的行为？”。为了论述简便，我们假设你在开展有关一个杂货店的民族志研究，想要了解市场的日常运转：购物者还能去哪里买杂货？你通过研究自己观察的这个商店，获得了什么，又失去了什么？那个地区的其他人是去其他地方买东西吗？这个商店和你没有研究的地方有什么区别？这样的地方有多少个？是哪里？卖什么？

访谈研究也一样：如果你通过艾滋病病毒（HIV）预防计划采访同性恋男性，那么你接触这个群体的方式就会影响你能访谈到谁，还可能使你错过大量的可能受访者。（Winder，2015）你的访谈对象将会是参与预防艾滋病项目的人，或是有理由觉得自己的感染风险可能会增加的人。那么问题是，你错过了哪些人，这对你的受访者告诉你的内容又有什么影响？不是说这个 HIV 项目漫无边际，而是说你得关注这对你的研究发现会有怎样的影响，关注还有哪些地点能找到这样的男性研究对象。同样地，如果你研究遭到驱逐的人怎样使用免费的法律援助所，研究的焦点是法律援助所中的互动，就需要知道会去这种援助所的人是不是典型的遭到驱逐的人（Nelson，2021）。如果他们是因为交不起租金而遭到驱逐，如果他们受教育程度比较高，住得离援助所比较近，或者比其他人的社会关系更多，当然绝对没有问题，不过你应该知道看到的这些人跟没看到的那些人有什么区别。如果你不知道，那么你对援助所为遭到驱逐的人提供的帮助的任何解释都会受到影响，因为不是援助所本身，而是去援助所的人的类型，才能解释驱逐程序的后果。你可以问问援助所的客户是怎样知晓法律援助的，就会有大致的了解。质性研究中的选择性偏差常常反映了制度性的自我选择偏差：这些地点会选择特定的人群类型，而那些类型的人反过来也更有可能拥有进入这些特定地点的资源和文化资本。

在研究中，你应该跟谁交谈常常是某种共识，不过打破这种想当然的思维框架可能会有所回报。这里有一个例子，是基于一些很久以前的工作成果。在 20 世纪初，同性恋是一种精神疾病，这种观念主要来自在私人诊所接诊或在精神病院遇到同性恋病人的医生。到 20 世纪 50 年代初，伊芙琳·胡克（Evelyn Hooker）访谈了社区中那些同性恋男性，从而打破了这种模式。随后，她找到了异性恋男性的对比样本，他们的年龄、受教育程度和智商（IQ）都跟她的研究中那些自我认同为同性恋的受访者相匹配。她所开展的并不是我们提倡的这种质性研究。相反，她让这些男性都做了一些性格测试，测量他们的态度、情绪和想法。接着，她让这些测试方面的专家来确定两组人中谁是同性恋。医生们基本不能从中找到谁有同性恋倾向，于是胡克得出初步结论，认为同性恋在心理上与异性恋一样健康（Hooker，1957）。直到 1973 年，美国心理学会才把同性恋从精神疾病诊断与统计手册（DSM）中移除，不再视为一种精神病态人格障碍，而胡克通过在典型的诊所人群之外寻找受访者，为这样的变化做出了自己的贡献。[1]

那么，你应该怎样选择田野地点或受访者？为了激发溯因思维，你会想要跳脱出研究一个群体或一个田野地点的显而易见的方式。回到上面的例子，与其聚焦于一个 HIV 预防项目中为同性恋男性开设的地点，你可能更想问问其他认为有性吸引力的男性怎样找到彼此，然后跟踪他们找到伴侣的所有不同方式。你的抽样策略要反映人们日常生活中做出决定、找到彼此的方式。如果你采纳了这个建议，那么抽样本身就是个分析主题：抽样成为发现人们怎样建立联系、做出决定的过程。你超越了他人已有的工作，增加了获得意想不到的发现的概率。

其次，要策略性地选择田野地点，也许是考虑可能的理论相关性，也许是极端案例或反面案例，也许是内部差异。马里奥·斯莫尔（Mario Small）提倡序贯访谈，即第一轮访谈会指引你找到下一轮受访者和问题，然后你继续跟踪下去，直到再也找不出任何新的发现。[2] 比如，如果你对非裔美国人怎样看待移民感兴趣，你可能想找一些曾经被拉丁裔移民歧视的非裔美国人受访者，再去访谈那些没有经历过这种歧视的非裔美国人

1 我们感谢一位审稿人指给我们这个例子。

2 Small，2009. 扎根理论中理论抽样的文献，可参阅如 Glaser and Strauss，1967；Charmaz，2014。

受访者，然后再与由于东欧移民涌入而感受到威胁的非裔美国人交谈，等等。这里的关键在于，访谈中所得到的发现，会告诉你下一步应该做什么。等到你的发现达到饱和，等到不再有新的观点出现，你就建立起了一种理论。这种方法不符合任何统计上的代表性，但能够有力地回应选择受访者的方法这个问题：根据正在出现的理论架构来选择受访者。

如果你想开展一项比较研究，斯莫尔的序贯理念也能为你所用。[1]许多比较研究都从设计阶段就有明确的目标，即要比较两个田野地点或两个群体，可能大多数比较研究都是如此。之所以常常这样做，是因为相信如果一个田野地点不错的话，两个或更多个地点应该会更好，觉得对比能够凸显一个地点的独特和不同之处，从而确保分析结果更加有力。然而，由于在观察之前就决定要进行对比，你可能会发现这些地点或群体要么非常相似（使比较变得毫无意义），要么差异太大，无法进行有意义的比较。因此，质性研究中的许多比较分析都不太可靠，许多其他研究也同时呈现了两个案例，只是不太强调自己是在进行比较（Ragin and Becker，1992）。

在实践中，序贯比较和大多数质性比较研究的一个主要区别，在于拓展到第二个研究领域的决定不是在早期研究规划阶段做出的，而是基于越来越多的分析和理论观点，在研究项目

1　我们讨论过序贯比较，请参阅 Tavory and Timmermans，2020。

的中途做出的。质性的序贯比较研究，要求你首先弄清楚在原本的田野地点的案例到底是怎样的，再决定增加第二个比较地点是否有助于分析目标，以及应该选择哪种地点来作为第二个地点。启动比较研究的基准应该很高。要说服读者进行比较是必要的，你应该证明如果没有进行比较的话，你的研究会丢掉一些关键的分析观点。

最后，抽样本身也可能带来意想不到的发现。在彼得·比尔曼（Peter Bearman）对纽约门卫的访谈研究中，抽样应该不是问题。门卫十分显眼，他们所做的就是我们觉得门卫应该做的那些事：拦出租车、站在门外、穿着代表身份的制服。不过，在大厦和仓库的背后，也有“隐形”门卫在工作。他们不穿制服，却做着跟穿制服的门卫一样的工作。所以，如果你想要了解门卫，只通过便利抽样抽取很显眼的门卫会带来偏差，因为看不见的门卫不会成为你研究的一部分（Bearman，2005：263）。

比尔曼的研究表明，抽样本身就能带来意料之外的发现：在他的研究中，发现了这两种公众可见度不同的门卫的共存。比尔曼发现，不穿制服的门卫加入工会的可能性比较低。这可能是个值得探索的分析方向：这两个群体之间的等级是怎样的？他们是否有共同的身份？身为其中某一种类型的门卫，会怎样影响他们与住户的关系、大厦的声誉和门卫们保守的秘密？

在选择跟谁交谈、观察什么时，要有策略、有思考、有反思，原因有两个：有人批评你的样本的代表性时，你清楚其他

有可能访谈 / 观察的对象，从而改变讨论的走向；你超越了其他人设计研究的方式，所以，为意料之外的发现创造了条件。

设计的两难和去焦的技巧

研究设计是得到分析性意外发现的关键阶段。如果你狭隘地理解研究设计，遵循已经有很多人用过的方法，那么你能够找到的数据可能跟那些你忠实追随的人差不多。这样也不一定不好，只是会限制你可能会找到意外发现的范围。研究项目之间存在时间差，可能会导致有趣的变化和转型，两个田野地点总是会有某些不同，不同的受访者也会得出不同的结果，所以你依然有可能会在某些时刻感到意外。不过，狭隘的设计只能实现常规科学的狭隘版本。因此，你会有换一种方法的动力。同时，为了以一种有意义的方式参与理论和经验讨论，你还需要共同的参照和比较标准。差异总是具有相同点的事物之间的差异。你怎样平衡这些相互冲突的压力？你怎样才能既在前人工作的框架内思考，又让自己从方法论上跳脱出这些框架之外？

怎样做访谈

质性研究中的访谈会形成叙事，即来自受访者视角的讲述。

你问的每个问题，都是关于社会生活押的一次赌注：你之所以会问，是因为觉得其中存在某些社会相关性。也就是说，你想问受访者的是他们知道并经历过的议题。开展好的访谈有很多方法，不过成功的访谈应该是访谈对象不完全受你的问题所限，建立起自己的叙事线（narrative line）（Gerson and Damaske，2020；Lamont and Swidler，2014）。

访谈研究要想得到意料之外的发现，我们的建议是对你的研究设计进行**策略去焦**（strategically defocus）。也就是说，在设计你的访谈研究时，要设计开展额外的数据收集，超越他人在这个研究领域的典型做法。考虑到研究者会受到互动中自己问了什么、没问什么的限制，而这样的互动通常只能有一次，在访谈设计阶段就要认真规划。虽然访谈者在田野中常常会改变自己的访谈方法，以回应意料之外的发现，虽然某些受访者可能可以联系不止一次，但访谈者，无论是调查研究者还是深度访谈者，都要认真打磨自己的问题，才能捕捉到这些意外发现。

那么，访谈者怎样才能在设计中为意外发现创造空间呢？挑战同样在于同时存在的两种压力。访谈者们都知道，完全开放式的访谈中会为意外发现提供无限的机会。如果你的访谈对象跟你相处的时间不受限制，那么这种方式能够为你带来意外发现的可能性最大。当然，你通常也不会想知道一个人生活的全部。你想跟某个特定的人交谈是有原因的，这个原因与他们生活的某个特定方面有关。下面我们将建议，在访谈研究的研究设计阶段，可以采取两种相辅相成的策略，使出现意料之外的发现的可能性最大化。

首先，为了给访谈者找到意外发现提供些方法，**你需要区分前导访谈阶段提出的问题和之后会提的问题**。为了实现溯因，试访谈阶段提出的问题应该比真正研究时的问题开放程度更高。这样，你就能发现之前未曾看到的意料之外的时刻和模式，把它们加入共同的访谈提纲中（Swedberg，2014）。你还得花点时间在试访谈的访谈记录上，同时使用我们将在下一章中介绍的开放编码和聚焦编码这两种编码方式进行编码。只有在完成这些分析之后，你才应该回到田野重新开始访谈。接下来，在第二个阶段，为了得到可以处理的差异，半结构访谈会有用得多，这种访谈使受访者能够形成自己的叙事，又确保他们谈论的是相似的经历或过程，从而使不同的访谈之间的差异能够被分析处理。

顺便说一句，如果通过试研究否定了一个研究项目，也没有关系。我们的一位同事曾计划对新手父母进行回顾式访谈，即在他们的第一个孩子已经从婴儿长到四五岁时，了解他们生下第一个孩子时的压力。我们怀疑这些父母是否还记得，在那么长时间以前，他们究竟因为什么而有压力。我们共同设计了一个试研究，我们的那位同事先对一些朋友进行了开放式的试访谈，包括一个新生婴儿的父母和一个四岁孩子的父母。完成访谈之后，这位同事意识到四岁孩子母亲的访谈中没有提到新生儿阶段。她获得了养育一个四岁儿童的挑战的大量数据，却没有多少数据跟她感兴趣的主题有关。更糟糕的是，她四年前曾经跟自己的朋友聊过，还记得那时候的迷惘和困难，但在访谈中，这些记忆却完全被遗忘、被美化，与日托和让一个好动的孩子守规矩的挑战相比，这些根本不算什么。这次经历促使她重新进行了研究项目的工具设计。在初始阶段发现问题，总比在可用性有限的数据上浪费时间要好。

如果说把研究设计分成开放式的启动工作和半结构化的后续工作是一种重要的策略，那么**溯因访谈设计的另一个优点就是从策略上拓宽和深化你在访谈阶段提出的问题**。因不同项目的特点而异，实现的方法也不同：例如，就算你觉得田野中其他行动者并不重要，也问问他们，或者更深入地挖掘过去，拓展你所研究的过程的时间维度。从这个意义上说，当你知道自己想问什么问题之后，即聚焦之后，你需要使自己的设计再略微去焦，容许访谈中出现一些“噪声”。

不过，在加入噪声之前，你得确保自己得到了明确的信号。如我们在上一章中所述，开展溯因研究意味着认真遵守参与原则——因为你能写出一些你的对话者通常不会特别在意的东西，如果能有丰富的数据库和差异为你所用，找到意外发现的机会就要大得多。反过来，这也意味着你需要认真思考田野中这些人在日常生活中到底在意什么。在研究法医时，斯蒂芬注意到，当他解释说自己正在观察尸检时，人们常常会有两种截然不同的反应。有的人不想听到这样可怕的话题，而有的人却认为尸检是侦破一起案件的关键所在，因此而大感兴趣。法医办公室是那些因枪击、刀刺和殴打而致命的人最后的去向。然而，就像斯蒂芬需要反反复复解释的一样，大部分人的死亡并不发生在这里，而且许多人不同的死亡方式会带来不同的情绪反应，比如被遗弃和虐待的婴儿、在泳池或大海中淹死的孩子、失足坠落的人、做了极端傻事的人，还有在错误时间出现在错误地点的倒霉的人。对斯蒂芬来说，这是一个研究项目，而不是他整个的职业生涯，所以虽然他会被这些问题激怒，却没有影响他大多数的互动。不过法医们却没办法逃过这样的提问。他们必须解释自己的工作，或者含糊其词地混过去。斯蒂芬在想，如果你是个法医，第一次约会时会怎样解释自己的工作？这个想法变成了能够吸引法医们注意的访谈问题，他们会滔滔不绝地说下去。关注人们关心的东西，不仅会产生更多的数据，还常常能够引发理论问题。

那么，怎样才能给这种信号增加更多的噪声呢？伊多和米歇尔·普林（Michele Poulin）的合作就是一个通过拓宽研究范围实现策略去焦的例子。米歇尔和伊多在对比他们在马拉维（Malawi）的工作笔记时，发现了这个研究谜题。他们在讨论使用安全套（伊多当时正在写的一个研究主题）和非婚姻关系（米歇尔的研究兴趣）时，想知道性工作者如何应对客户**放弃**使用安全套的要求——尽管艾滋病的威胁依然存在，还是有许多客户倾向于这么做。伊多和米歇尔假设，由于当地的 chibwenzi（大致译为性伴侣或男 / 女朋友）关系意味着性行为和交换礼物，对这种关系的界定会影响性工作和使用安全套问题的协商。在当地的性工作行业中，协商使用安全套尤其不容易，因为“自由性工作者”没有制度身份，“酒吧女”在酒吧工作，同时也是性工作者。这些身份会怎样影响性关系和性行为？

伊多和米歇尔无法亲自进行访谈［两个人的奇契瓦语（ChiChewa）和赤瑶语（ChiYao）都说得不够好］，所以他们培训了一批访谈人员，让他们带着半结构访谈提纲进入田野。在这种情况下，适当的去焦显得尤为关键。访谈人员受到的培训，是尽可能详细地询问性工作者与客户和性伴侣之间发生的金钱交换，同时也了解她们在日常生活中怎样解决财务问题。通过一步步了解性交换和实物交换的细节，伊多和米歇尔发现使用安全套的故事是访谈中最不刺激的部分。他们的确在一定程度上证明酒吧女（也能从酒吧拿到一些微薄的收入）在两性关系中比自由性工作者拥有更多的控制权，所以，能够更加坚决地要求使用安全套，不过从他们写进访谈提纲的那些关于具体交换行为的问题中，出现了一个有趣得多的模式。访谈人员没有假设人们会用性来换取金钱，而是问她们到底交换了什么。他们发现，在酒吧女的情况中，客户通常是回头客，支付方式小小的变化也会极大地改变这种情境中的关系定义。如果有人手头紧，提出用一条牛仔裤来“支付”，就足以将两个人的关系从性工作转变为 chibwenzi 关系。他们最终的文章是关于不同的支付方式、关系界定和礼物交换，而不是使用安全套（Tavory and Poulin，2012）。

有时，最有启发意义的可能不仅是噪声，还有简单的沉默，或是有关不在场的问题。问问他们没有选择的那条路，能帮助你认识职业的社会结构，这也是随时间而形成的描述工作的传记。重点是，你既得考虑试研究的优势，又得在半结构访谈中拓宽研究的焦点。要确保进行足够的去焦，为意外发现留出空间，又要问受访者足够相似的问题，才能分析差异，避免有很好的理论指引却没有问其他受访者类似问题而导致的沮丧局面。

聚焦的技巧

在《溯因分析》中，我们强调了民族志学者陷入自己带入田野中的假设的危险：只能听到我们想要听到的，而忽略了其他。不过，不可避免地会有一定程度的想当然。我们总是会把原生理论带到自己进入的社会世界，我们已经这样做了。我们必然会用预先存在的类属和期望来过滤自己的感知。这些原生理论可以为你所用（只要你努力清醒地认识这些理论怎样构建了你收集数据的方式）。当你收集观察结果时，总会有各种各样的方式让我们发现自己的观察结果是新鲜的：不要因为自己熟悉某些事物就假设它们本就应该如此，要打断这样的假设过程。打断这种因为你是社会世界的一分子而有的假设，会成为意外发现出现的机会。如前文所述，我们认为这正是**陌生化**的模式。这样的技巧提供了一个机会，使你能以新的视角看待看上去熟悉的对象。

我们想更进一步阐述我们的建议。我们强调，在民族志的例子中，聚焦对形成溯因推论尤其有帮助，因为写田野笔记跟看访谈数据完全不同。虽然访谈者也常常会写有关访谈背景的笔记，但访谈记录才是迄今为止最重要的证据。从这个角度来看，在民族志中写观察笔记有更大的自由空间，更多的观察方式，也有更多的东西可以写。哪怕是最容易预测、最没有价值的研究地点，也会有太多的行动，蕴含着太多你可以跟进的线索。你怎样聚焦自己的笔记，会决定找到意料之外的发现的可能。

怎样做田野笔记[1]

让我们旗帜鲜明地摆出这个观点：一个事件如果没有写进田野笔记，就等于没有发生。当然，你能记得自己昨天看到了什么，也许还能记得自己上周看到了什么。但六个月以后，你就只能记得最基本的东西。你可能不会信任自己的记忆，仅凭

1　本节补充了 Emerson, Fretz and Shaw，2011。

逐渐褪色的回忆去做一件事。(如果你不相信，可以接受我们的挑战。看一段视频，一周后再写笔记记下你看到了什么。然后重新看看这段视频，找找看自己遗漏了多少内容。)

最有助于溯因分析的、聚焦的笔记，是**描述性**、**分析性**的。怎么理解呢？描述性笔记记录了事件的展开过程。这种笔记不是像描述一个人喝咖啡时写下“一个人类对象把手移动了三英寸，抓住一个装着热液体的、冒着蒸汽的容器”这样机械的田野笔记。要体现这种颗粒度，有比民族志更好的方法，而你通过这样的观察能够回答的问题，也不可能与一个诠释性项目产生共鸣。除了少数例外，这种“外星人视角”更多的是一种好奇，而不是实实在在的技巧。在大多数社会学研究中，我们能够对正在发生的事物做出**一定**的假设。

另一个极端则更加难以避免，也是民族志学者更加常见的陷阱：写的笔记中满是归因。这种笔记里充斥的动机要么全是研究者的假设，而不顾现场显而易见的东西，要么全是对互动的心理分析。因此，如果你这么描述一个自己观察到的、发生在公共空间的事例，“一个愤怒的母亲让自己还在学步的孩子安静，孩子正在看人行道裂缝里的蚂蚁，而母亲讨厌蚂蚁，只想回家”，这样的观察就意味着你知道这个成人和这个孩子到底是什么关系，还知道接下来会发生的事件，就像小说家把人物组合在一起一样。

归因是指归约为最基本的特征。例如，社会学家被社会化为通过特定的人口学变量来看世界。然而，个体的这些特征在一次观察中是否真的重要，却不能只是假设，而是得弄弄清楚（Glaser and Strauss，1967）。一个人可以把种族、性别、年龄或职业写成绝对相关的特征，掩盖这个人所做的一切以及其他人对他的看法，也可以写成在某些特定时刻或多或少地比在其他时刻更显著的特征。假设一个人的表现是因为她是个“女性”，或者将性别看成是由行动者塑造的，而不是由性别塑造了行动者，二者是有区别的。名词会为社会行动赋予价值，并固化社会行动（Katz，1975）。而动词则相反，会强调变成、成为和正在行动的持续过程。所以如果你的笔记是关于医生**在做什么**而不是医生本身，是关于性别**表现**而不是将支配性的男性气质作为身份标识，你的分析就会有更多空间，而不是受到更多局限。

当然，在某些地方，人们渴望成为这样的名词，或者其他人以你无法忽视的方式狭隘地将他们视为特定的成员类属。一旦你开始关注到这个议题，就会成为写田野笔记的核心挑战。如果按照同样的人口学特征来归纳人们的行为，可能会有将这些特征视为根本原因的风险，但如果不记录诸如种族等这些特征，你的笔记就会很单薄，还可能会导致你没有注意到自己的观察结果中出现的某些重要模式。的确，在许多情况下，这个问题十分棘手。在一个种族主义猖獗的世界里，一个人不能无视种族；在一个父权制的世界里，一个人不能无视性别。查尔斯·博斯克（Charles Bosk）在他关于外科医师住院培训的权威民族志《已经宽恕，但不会忘记》（*Forgive and Remember*）出版24年之后，终于承认自己改变了唯一一位女性住院医师的性别，没有提及她在一个充满敌意的、厌恶女性的环境中是怎样工作的（Bosk，2008）。这不仅加剧了有关民族志中匿名化的辩论（Jerolmack and Murphy，2017），也证明了我们有能力记录工作场所普遍存在的性别歧视。

不过，你该怎么做呢？首先，让我们再次回到参与原则。在大多数情况下，你的难题也是你所观察的人的难题。他们在自己的生命历程中，也需要决定自己的立场，是忽视一个人的性别、种族、年龄或职业，还是将这些特征作为当下情境中的显著特征。你希望用你的田野地点中的那些人的视角来看世界。也就是说，你需要密切关注人们是怎样或隐性或显性地理解彼此的暗示，这样的理解又怎样因时因地而异。这不只是你作为研究者的议题，而是每个人的议题。

其次，这正是通过积累观察结果发现差异能够派上用场的时候。当你做田野笔记时，不需要提前决定不同成员类属的交叉之处是不是理解行动的正确切入点，却需要对存在这种可能性持开放态度。随着田野笔记的积累，你可能会对某些人给其他人的区别对待变得更加适应。要记住，永远不要依赖一组特定的笔记，而要依赖一系列的观察结果。你的笔记积累得越多，分析起来就越清晰。这里有个试金石：如果你的分析推论遭到质疑，应该能够用多次的观察来捍卫结论背后的证据（Duneier，2011）。

慎重对待动机和成员类属，是让你的笔记在描述时更加聚焦的一种方式；另一种方式则是转换你的焦点。在田野中的前几周，你的笔记会是一大堆乱七八糟无所不包的东西。田野将会充满新的、激动人心的可能性，将会是一片嗡嗡作响的混乱。不过随着你逐渐适应，掌握了你的田野地点的节奏，你的笔记就会有一个更加稳定的焦点。如克里斯蒂娜·尼佩–英格（Christina Nippert-Eng）所述，你会看到不同的事物，因此需要转换关注点（Nippert-Eng，2015）。你可以描述物理布局，可以描述动作的编排、时间的流逝，还可以描述会话中的起起伏伏。换句话说，只要你待在田野中，就要训练自己保持聚焦。你想通过相似的观察来了解差异，在描述相同的流程20次以后，你就有信心能留意到事物的发生有着些许的不同。于是，你就可以像鹰一样放大这样的时刻。但是，要选出一个人、一次对话、一组行动、一系列事件，跟踪到底。你的目标是深描，而不是分散的鸟瞰图。

随着研究的推进，你想要转换自己观察什么或观察谁的焦点。田野笔记能够追踪你在田野地点的行动。无论你能保持住自己的焦点，还是其他人会觉得你的焦点是一种无礼的侵犯，都能让你更多地了解这个田野地点。另外，持续的凝视（gaze）本身就会成为一种干预，揭示你正在研究的这个社区的某些东西。当你想知道谁能关注什么东西多长时间的时候，就去寻找答案，把这些发现加入你收集的观察结果中。凝视本身就是社会建构一个田野地点的手段，也是人以及人的行动的道德价值的一部分。

想想你读过的某些民族志，就会发现研究者是通过拉近视角才有更多收获，而不是覆盖不同的人物和地点。福里斯特·斯图亚特（Forrest Stuart）在研究洛杉矶的贫民窟时，遇到一群无家可归的黑人男性在街上举重，互相鼓励着健身增肌，抵制身边毒品、妓女和犯罪的诱惑。斯图亚特深入了解这些人怎么在街头生存，怎么应对环境和无处不在的警察，怎么共同建立起在这片地区居住的另一种方式。不过在这个田野地点，还有更多的事物正在发生。斯图亚特展示了一张一位男性在公园举重的照片，可以看到背景里有两个人坐在地上。我们观察了其他在附近徘徊的人，那本书的其余部分也告诉我们，还有无数人在漫无目的地闲逛，他们是其他世界的一部分。然而这些其他人物却没有成为描述的一部分，除非出现在书中的男性对周遭环境的某些方面发表的评论中（Stuart，2016）。

描述性还意味着要随着互动的展开来加以呈现，而不仅仅是讲述这个互动。你不应该用第三者无所不知的叙述者口吻，而是要随着事件发生的顺序和其中的互动来进行描述。“有些排队的人看起来很无聊”是一个总结式的句子，掩盖了谁在排队这样的描述性细节，也泛化了“无聊”这个词。“无聊”可能反映在一系列肢体动作上，例如看手机、叹气、抖脚等，每一种动作发生的顺序都不同。民族志的研究技巧在于要留心这种你和你所研究的人都觉得理所当然的捷径式总结，使自己尽可能多地加以描述，关注事件的次序、合力和节奏。例如，你可以关注序贯和地点，如研究生娜塔莎·布卢特（Natasha Bluth）在她的田野笔记中描述了在新冠肺炎疫情期间一名男子在等待进入一家杂货店：

> 我排进队里的时候，他正蹲在从路边停车位通往地下停车场的坡道入口角落那里的一个小小的混凝土台子上，弓着腰，叉着脚，双手紧握，手肘放在大腿上……虽然他的姿势很疲惫，但一直在注视着正前方，浅蓝色的医用口罩拉到了下巴上。我转向左边，想在我们之间留出足够的空间以保持安全距离，站在他后面那个用胶带标记的“X”位置上，不过他无视新冠肺炎疫情社交规范的样子让我很难判断应该站在哪里。当购物者的队伍慢慢向前移动时，他从蹲着的地方无精打采地站起来，往前走了几步，坐在一个绿色的小板凳上。他前面空出了好几个标记着“X”的位置，我后面开始挤满了人，他让我们没法立刻从离自己最终想要的东西越来越近中得到满足。
>
> 现在他弯着腰，低头看着自己的乐福鞋，这双鞋是

> 用丝绒或像丝绒的材料做的，上面有浅浅的蛇纹样式压花，还有银色的搭扣。我猜他大概五十几岁快六十了，因为他赤褐色的卷发在头顶正中已经出现了圆形的秃斑。他的皮肤是橄榄色的，穿着整洁，下身是深色裤子，上身是藏青色衬衫外搭深色水洗格西装外套，跟他的乐福鞋都很配。现在越来越多的购物者在排队，他只好再次站了起来。他又找到了一个舒服的位置，把右臂伸出来靠在一个放着多肉和其他室内植物的木头架子上。他的动作缓慢却流畅，关节松弛，就像在水下一样。他的右手轻轻地捏着一张皱巴巴的纸巾，左手攥着一个透明塑料袋，里面有一瓶还剩四分之三的橙色果汁，我没法判断到底是什么果汁，下面好像是一张折起来的锡纸。

你能看出分析性描述和动词是怎样表达快速描述会忽视的“无聊”的吗？在民族志研究中，这种详细的、聚焦的笔记能够为你的分析奠定基础，你的描述越丰富，为自己创造的后续梳理分析脉络的机会就越多。把这种常见的情境按顺序写得这么详细可能显得过于琐碎，但不记录这些，就会失去一次互动式地分析这个民族志的机会。

一般来说，在民族志中，描述性记录会很辛苦，但也很值得。这样做是在给你的研究增加观察的颗粒度。描述中的细节能够证明你的观点。你能够从中提出自己的分析观点，而不需要通过其他来源去捍卫自己的观点。

这就引出了另一个有助于民族志聚焦的重要特征：田野笔记应该是**分析性**的。田野笔记是**分析性**的，是指田野笔记能够告诉我们人们共同行动的社会过程。皮尔士以及其他很多人，如阿尔弗雷德·舒茨（Alfred Schutz）认为，所有的感知都是诠释性的。你的职责是对这些诠释性的社会过程持开放态度，并对它们进行分析（Schutz and Luckmann，1973）。

数据收集和分析并非泾渭分明。在田野地点中，每一天的最后开始写田野笔记时，你总是会以分析的态度来审视自己的观察结果。当你注意到所处情境的某些方面，就会想去了解更多。这是个例外，是一系列可能行为中的极端表现，还是这个情境中的常态？例如，你会想自己观察到的某些行动是不是源自多年来始终存在的冲突。于是下一次，你就会带着任务，去了解更多这些冲突的原因，看看自己的直觉对不对。你的笔记中不会全是没完没了的描述，当你进入自己的田野地点，是在回答一个自己正在思考的问题或谜题，我们称之为观察时**给自己行军号令**：你给自己设定一项任务，即在下一组观察中搞清楚一些东西（Katz，2001）。这个不停问问题的过程同样有助于你理解差异。

你不仅会观察显而易见的对象，还会开始提出一些关于另一些行动者的问题，他们当时不直接在场，但他们的存在对你的田野地点十分重要，所以成为研究关切的内容，这就是社会生活不可见的暗流。从斯蒂芬十分熟悉的世界中举个例子：当你在一个法医办公室观察尸体解剖时，除非了解可能的司法程序的要求，否则就会觉得工作人员的常规操作没有意义。如果一位病理学家必须在对抗性法庭审讯中重新回忆从尸体进入停尸房到离开这段时间中谁能接触到尸体，那么对保存完整证据链的关切就会至关重要。在处理尸体的日常工作中，你不会看到有人问到证据链的问题。然而，工作人员敏锐地认识到精确记录谁接收尸体、尸体袋上的锁是否完好、谁拿走了死者的个人物品、存放在哪里等问题的重要性。对于在停尸房工作的人来说，这些都是不起眼的常规工作，快速的民族志调查不会让你对因为可能会在法庭上被问到才这样做有任何了解。你只有静静地站在一旁观察这些日常，关注他们的重复工作和他们所关心的事物，然后提出相关的问题，才能拥有这样的观点。虽然律师们不在停尸房，但他们的关切在你的观察中无处不在。

在实践中，这一点之所以重要，部分原因与做笔记时所处的研究阶段有关。受到皮尔士的启发，我们认为任何描述都是在研究项目和探究共同体中进行意义构建的持续过程。就像在实验室科学中一个实验的一次重复不可能具有决定性意义一样，如果你发现了同一个现象的多个例证，研究的可信度就会增加。每一组田野笔记都应该被视为一组正在成形的假设。你的田野笔记将会是观察到的例证的总和，通过对比这些例证寻找相似和不同之处，你才能通过差异形成观点并提升信心，也使自己对意料之外的发现持开放心态。这就是掌控田野笔记的撰写并质疑自己的数据如此重要的原因。只是待在田野中，并不能让你成为民族志学者，这是个必要而非充分条件。提问能给你值得跟进的想法和线索，而收集观察结果能限制你能够有信心提出的推论的范围。

所处的位置

在上面的建议中，我们不断地回到研究者在访谈或参与社会生活时的经历。然而这种经历不仅仅来自你的理论准备和你所收集的素材。你所听到的，甚至是你获准进入田野的渠道，都取决于其他人怎么看你，以及你因为自己的身份才更有可能注意到的东西。换句话说，正如之前的许多学者曾经指出的那样，我们的位置很重要。位置在溯因分析中的重要性，在于用好自己的局内人和局外人视角，这会使你拥有被其他人忽视的观点，提醒你找到那些真正意料之外的发现。

从根本上说，有关位置性的方法论文献很简单：每个人在社会生活中都拥有特定的位置，这些位置会使我们只能获得进入田野的部分渠道，影响我们与谈话者互动的方式，从而改变我们的所见；我们作为社会学家的位置使我们拥有了关于世界的原生理论，深深地影响着我们如何看待社会生活（Timmermans and Tavory，2012）。虽然位置性对你在田野中看到了什么、怎么看、关注什么很重要，但也能够培育溯因观点。

伊多加入一家广告公司去了解广告策划师的工作时，就经历了一个这样的时刻。广告策划师是负责为广告策划核心基本理念的广告专业人员，也被看作公司的文化专家。伊多和一个策划师团队一起工作，为一家将“平衡生活”概念视为健康的核心的酒店品牌开发广告。他们围绕这个理念工作了两周，收集了统计数据，做出了精美的演示文档（幻灯片）来解释这个理念。项目看起来进行得不错。在展示这个广告时，公司的CEO却好像不为所动。过了几天，当伊多回到他的田野地点时，发现这个广告发生了颠覆性的变化：

开过会两天以后，我回到了田野，收到了新的幻灯片。新的广告中大大削弱了平衡的概念，可是无论是圣像文化（Iconoculture）［一家收集数据来提供“文化”状态咨询的公司］还是针对这个主题的消费者细分调查都不支持这样的改变。新的文档充斥着策划团队开展的焦点小组访谈的原话，以及消费者细分调查的其他方面。新的幻灯片将“平衡”重新概念化为维持一种健康却不过头的生活方式，即策划和数据分析团队构建的“懒惰”和“疯狂”这两个类属的中间立场，面向他们认为这个品牌想要继续壮大应该瞄准的细分消费者群体。在帕特里克（Patrick）［中层策划师］的工位上看完新幻灯片后，我说我们在工作时对平衡的定义完全不同。帕特里克毫不犹豫，都没有从屏幕前抬起头，耸耸肩说，“肖芭（Shobha）[高级策划师] 造的词”，然后接着处理新幻灯片。

伊多经历了一个眩晕的时刻，一个感觉强烈的、实在的意外时刻。他认为基于调查证据的、精心构建的想法，就这样被推翻了。他试图对此进行理解，而结果是令人出乎意料的。伊多认识到，是他作为学者的所有专业训练在反对证据和想法之间的这种关系。不是说学术界的想法就不会改变，但在我们进入学术世界的社会化过程中，有相当大一部分是关于认真审视自己的想法，并基于证据坚持到底。这个意外发现的时刻，源自学术训练和他在田野中觉得证据不足的结果之间的冲突，最后提出了一系列新的研究问题，即关于广告专业人员与数据和他们构建的想法之间的关系。他们与伊多学到的处理数据和想法的方式完全不同，这是一个植根于位置的意外发现。

这个例子强调了防止陷入生物或社会决定论的重要性，这种决定论是指某些个人或群体特征抹杀了你作为传记作者和知识分子的身份的复杂性和交叉性（Robertson，2002；Reyes，2020）。伊多作为男性、移民和白人的身份在他研究的某些关键时刻很重要，但这一次却与他的学术习惯更加相关。我们会有性别和种族的视角，同样也会有理论和方法论训练与方法论结合的视角。

想想我们的传记中这些不同的因素，以及它们在培育不同类型的意外发现中的作用，也会发现多元化的质性研究团队对发展新的理论观点有多重要。例如，城市民族志中有极大比例是关于贫困非裔美国人社区的，这些社区遭受不同形式的暴力，以及这种暴力造成的连带损害。这些研究的作者过去主要（但不绝对）是并非在这种社区长大的学者。为此，马库斯·亨特（Marcus Hunter）和他的共同作者们试图通过强调非裔美国人城市生活中创造性、娱乐性和庆祝性的方面，同时并不回避这些社区遭受的结构性压迫，来重新平衡这种局外人视角（Hunter et al.，2016）。亨特有关黑人社区创建（placemaking）的理论化是基于一个局内人的知识，在一堆特别关注黑人社区受到的攻击的文献中显得出人意料（Hunter and Robinson，2018）。

理想情况下，我们需要局内人和局外人（不同类型的局内人和不同类型的局外人）来丰富我们所致力的研究传统。特别是对于局外人来说，先入为主的观念可能会激发分析的线索。例如，米切尔·邓奈尔（Mitchell Duneier）在研究无家可归的书贩时，意识到这些男性在公共场所小便有多麻烦。他随时可以走进一家餐厅借用洗手间，但是他所研究的这些男性总是会被拒绝进入洗手间。因此，邓奈尔建议研究者“在开始研究时要放低姿态，准备好因为在田野中学到的东西而感到意外，还要始终留心自己的社会位置，因为这样的位置可能导致你对也许有助于解释的那个现象视而不见”（Duneier，2004：100）。

但是但是但是，捷径呢？大样本研究呢？摘录分析呢？

策略性地思考研究设计，认真地重视数据收集，对于寻找意外发现至关重要。同时，也有些研究实践可能会阻碍意外发现。我们这里举三个这样的例子。我们得说清楚，每个例子中最后的结果都还不错。只是我们发现，这些研究实践常常是固化的，导致研究者更难以生成溯因观点。

案例 A **录音和录像反正能记录一切，难道不会让这一章变得毫无实际意义吗？**嗯，并没有。这个问题意味着有了视频你就不需要具备分析敏感性，意味着相机能替你思考。这个想法很诱人，但不幸的是相机在写文章或写书方面的记录乏善可陈。录像作为一种质性的资料收集形式，还相当原始。如果依赖录像，你只不过是在推迟本书中讲到的必须要做的分析工作，因为不能掌控一段对话或在当时提出问题（特别是如果你打开相机之后就离开现场，就更加糟糕）而让自己受到局限。研究中会用到录像和录音，有的学者会格外关注确切的用词、停顿和对话中的转折，对他们来说使用录像和录音是研究的标准操作。斯蒂芬在基因组决策（genomic decision-making）的民族志研究中大量使用了录像，研究中有一组专家使用非常技术化又非常微妙的术语来评估不同的基因。我们一起分析了种族主义遭遇的录像（Timmermans and Tavory，2020）。在这两个案例中，没有录像的话，研究都会错失许多内容。不过，对于大多数质性研究者来说，录下互动都不过是个挡箭牌：你没有当即采取行动，而是安全地坐在电脑屏幕前，观看录像进行事后决定。因此，当我们教授民族志研究方法时，坚持要求学生们做笔记并依靠他们的观察，因为我们想要推动他们培养这里讨论的各种研究敏感性。

案例 B **如果我让计算机软件来分析我的数据呢？**过去几十年间，质性研究编码软件有了爆炸式的增长。特别是强大的编码和记忆工具 Atlas.ti 和 NVivo 的出现，在设计时就明确地嵌入了扎根理论的准则。当然，我们不知道哪款软件最好用。不过，我们发现许多有经验的质性研究者，特别是那些理论思考最多的研究者，其实并没有十分依赖软件，这个事实令我们震惊。我们认为，这个现象并非偶然，而是与工作过程有某些关系。当我们用软件编程时，会把田野笔记、访谈记录或其他质性数据等文本分割成孤立的文件。就算我们对数据进行交叉编码，也会被迫在研究过程相当早期的阶段就做出决定。我们当然**能**重读所有数据的更原始的形式，但我们倾向于不会这么做。结果导致了我们所谓的**摘录分析**（excerpt analysis），这种分析模式是指，哪怕声称用了整个访谈或全套田野笔记来作为数据，其实不过是将摘录作为分析的数据单元。

问题不是这样的研究没有我们把自己沉浸于更完整的数据中的研究那么真实，而是当我们将摘录从背景中提取出来以后，就会无视在访谈过程中叙事的展开和变化，或是一个民族志情境与其他民族志情境的关联方式，而有趣的理论上的意外发现恰恰隐藏于其中。在一次会议上，一位一流的质性研究者听伊多说他也不用软件之后明显松了一口气，告诉他“我只看自己的笔记，看了得有 50 次”。

编码非常适合将数据分割为小块，在扎根理论传统中尤其如此。不过有时，你的分析真正需要的是综合观察结果，对它们整体进行更高层次的分析，例如结构分析。如果你想使用编码软件，就应该小心这种风险，定期回到未经处理的数据上。如果你拥有一个大规模的研究团队，他们同时处理相同数据的不同部分的话，部署这种软件可能会更有用（不过即便如此，还可以选择没那么复杂的数据共享网站和应用程序）[1]。

案例 C **我难道不应该去开展大样本质性研究吗？**过去十年中，质性研究领域的另一个进展就涉及大样本质性研究。这种研究把质性研究中通过量化来证明普遍性和代表性的警告放在心上，但以缴械投降来回应。因此，我们越来越多地收到用 200 个或 300 个访谈作为数据基础的文章。不过到目前为止，我们还不能确信这样的大样本访谈数据能实现其预期。由于数据规模太大，这些研究不可避免地更加关注回答的频次，而非回答的意义（Lareau，2012）。

1　说到数据共享网站，你上次备份自己的数据是什么时候？如果你失去了所有的数据，那才是真正的打击。

事实上，即使我们把更加理论化的推论问题放到一边，也依然认为这种大样本质性项目在操作上会有问题。问题与我们对某些使用质性软件开展的研究的担忧类似。简单地说，一个研究者不可能深入了解300个深度访谈。在民族志中，需要体现的数据量只会是关于通常处在相似情境中的同样的人。我们非正式地调查了美国一些最著名的访谈方法论学者，得到的回答并不相同。有的人说他们能够应付70个访谈，有的人则定为50个。没有人能应付300个访谈。于是我们不得不问，有了这么多数据，人们到底会做什么？我们怀疑他们要么把这些数据输入一个质性计算机程序，他们可能读过一两遍就开始编码，然后再也不会重读整个访谈；要么深入研究了这些访谈中的一部分，然后用剩下的数据做了摘录分析。无论如何，我们都会掉回到摘录研究的陷阱中：如果我们面对的是被切分成比特大小的摘录的社会世界，那么大多数的意外发现都不会出现。如果我们的目标是意外发现，就不会推荐大样本质性研究。

案例D **那最近流行的快速民族志评估呢？**你不会想让我们开始讨论这个话题。这会影响我们的血压。

结　论

意外发现是指数据中某些东西的表现不同于流行的地图式或指南针式理论所预测的那样。如果我们在编码时仔细研究自己的数据，就常常会产生这样的观点。近距离审视自己的观察结果，我们就会发现有什么东西不对劲，只是这种不对劲是积极的、能够生成理论的。不过，这种意外发现的时刻常常喜忧参半。“原来如此”的时刻，可能会产生理论贡献的喜悦，会因为意识到我们一直在收集不充分或不正确的数据来充分利用这个意外发现而打了折扣。我们有了一个意料之外的观察结果，但没有足够的其他观察结果来进行比较，甚至不确定我们是不是过度解读了这个观察结果，因此而排除了其他可能的解释。特别是在比民族志重复程度更低的访谈研究中，获得一个意外发现的兴奋之后意识到还不够，会是一种常见的风险。虽然在编码时关注我们收集的数据对从中找到意外发现大有帮助，你依然需要确保有坚实的基础以进行比较。正是从这个意义上讲，认真设计一个研究项目对溯因推论至关重要。

为了让自己准备好找到能够实现溯因推论的意外发现，你得确保在田野中就要阅读和思考自己的数据，这样才能调整自己的问题，给自己新的行军号令。甚至在你对自己的数据编码之前，也需要确保数据不仅能提供意外发现的可能性，还能为构建这些具有理论前景的发现提供强有力的证据基础。

第 5 章

开放编码

前面两章中，我们探讨了怎样策略性地阅读现有理论并有意识地调整你的研究设计，以使被意外发现的观察结果击中的机会最大化。这些是溯因推论的必要而非充分条件。在收集数据时，在数据收集完成之后，我们还需要全面细致地处理这些数据。用质性研究的说法，这项又苦又累的工作被称为“数据编码”。

为什么质性研究者偏偏采用“编码”这个术语来分析观察结果？就像质性分析中的许多其他术语一样，编码这个词的起源，也同样受到接受过质性研究训练的芝加哥学派社会学家安塞尔姆·施特劳斯和巴尼·格拉泽（Barney Glaser）的显著影响，其中格拉泽在哥伦比亚大学接受过量化研究大师保罗·拉扎斯菲尔德（Paul Lazarsfeld）的训练。在一篇很有影响力的文章中，格拉泽将常见的量化操作改造之后用于质性研究，即用数字编码使质性数据能够衡量，例如用序数量表对调查结果进行排序，从而引入了质性数据的“编码”概念（Glaser，1965）。简单地说，格拉泽建议我们通过赋予质性观察结果更一般、更抽象的名词，按照概念脉络对分散的观察要素分组，来简化质性观察结果的丰富性。当我们编码时，这个观点至关重要。我们的目标不是将质性要素简化为数字频次，而是简化为一组可比的数据要素，以探索它们的分析属性（properties）。

无论你的研究目标是什么，这种质性编码都是关键的分析活动。对我们来说，这是培养需要进行溯因推论的意外发现的主要手段。在许多情况下，在访谈过程中或反复的民族志观察中，并不会记录到最终成为关键的意外发现的那些东西。如我们在《溯因分析》中所述，编码能让你与观察结果的即时性拉开距离，同时也能让你熟悉数据中的素材和差异。意外发现会显得格格不入，是一个反常的发现，是事件的一个出人意料的反转。意外发现不一定是让你立刻就能意识到的东西。例如，在国宴等非常正式的场合，一个小小的变化也有深刻的象征意义。你对这种宴会上的规则和礼仪越是熟悉，就越有可能注意到这些区别。同样地，你对自己的数据越是熟悉，就越有可能观察到令人困惑的区别。随着记录越来越多，很容易忘记在一场两小时访谈的第40分钟发生了什么，随着田野笔记越来越厚，也很容易忘记在某一天有什么东西曾让你惊讶。一切都开始变得模糊。编码则让你放慢阅读，重新熟悉自己拥有的数据，思考你的观察结果到底有什么意义。

编码有什么用？它把一小段观察结果标记为某一“类”。然后，随着把其他数据实例也放在这个编码所代表的概念范畴之下，你就构建起了这个类的含义。通过编码，你从观察结果中抽象出来，开始分类。你审视不同的观察结果之间微小的差异，给它们一个共同的名称，从而暂时放下这些差异。你所使用的那个词，代表你的观察结果是某个类属的一个实例，你可能会在自己的素材中找到这个类属或相关类属的其他实例。这个标签的灵感是来自你的观察结果，不过超越了观察结果本身，是对观察结果的抽样。标签会强调你研究项目中的突出问题，强调的是一个分析维度，因此并不是一种总结。编码超越了你观察结果的当时当地，目标不仅是给自己一个新的行军号令，还是从分析的角度具体说明你的项目。

让我们从斯蒂芬著作中的一个例子切入。在医生与患有癫痫的青少年的父母互动的记录中，反复提到了能不能驾驶的问题。一个青少年要想在 16 岁时在加利福尼亚州学习驾驶，必须在六个月内没有癫痫发作，有没有通过药物控制都行。结果表明，医生们会在这个标志性的年龄阶段暗示让青少年继续服药。例如在下面这个片段中，一个医生用驾驶来回应一位母亲减少儿子用药量的请求："你看，我的意思是，如果是我，我可能会再等一年左右，比如到明年夏天……因为你懂的，到那时，我们可能想要一年多没有癫痫发作……因为我们马上就 15 岁了，马上就能开车了。"在 149 份记录中，有关驾驶的讨论出现了 22 次。不过认识到这一点之后，你该怎么做呢？也许你可以把所有实例放在一起，看看学习驾驶的可能性会在癫痫治疗的什么阶段产生什么影响——于是就建立起一个你称之为“驾驶和癫痫”的编码。

但这不是编码，起码不是好的编码。这不过是一种总结性陈述，不过是在数“驾驶”出现了多少次。“驾驶和癫痫”这样的编码聚焦的是一个关键词，而不是行动者们到底在做什么。不是说“驾驶和癫痫”跟这些互动没有关系，只是可能在对比数据摘录时也许不是一种有趣的分类。分析关注的不是驾驶本身，而是通过保留驾驶的可能性来让青少年继续用药。以“驾驶和癫痫”聚焦一个关键词的做法缺乏远见，没有考虑到行动者想要什么。这个编码并不理想还有一个原因，即不能对观察结果进行普遍化外推。医生们怎样谈论“驾驶”可能也很有趣，但除非你真的对交通社会学感兴趣，否则分析潜力其实并不大。

好在你不需要这样死板地编码。与列出关键词不同的另一种做法，是你可以提出其他问题。你可以聚焦争论的主角到底是**谁**，从而构建一个类似“围绕青少年的争论”这样的编码；或者试着分析医生们在提到“驾驶”时在**做**什么，从而构建一个关于医师“化解权威威胁”的编码。无论使用哪个编码，讨论“驾驶和癫痫”的片段都能够，也更有可能与更加广泛的实例归入一类。这些更加广泛的实例到底是哪些，会因你选择的编码所强调的分析维度而异。例如，使用第一个编码，可以包括神经科医生一般性地谈论青少年的生活品质、用药偏好和他们的愿望。而使用第二个编码，则可以把提到驾驶的片段与谈论其他药物选择、病人的网络搜索记录或关于药品报销的担忧等放在一起。特定的编码会出现在不同的记录中，突出看似无关的只言片语，并在它们之间建立起关联。不同的编码为审视数据提供了不同的机会，因此是分析过程的关键操作。就像摄影师必须让自己从不同的角度拍摄照片一样，试着为一个片段建立尽可能多的编码数据集，看看哪些东西能放在一起，会是一种不错的练习。

那么，什么才是好的编码呢？有没有办法确保我们不要构建“驾驶和癫痫”这样的编码，或者起码只有在这样的编码真的能够推动分析时，才构建这样的编码呢？社会学家雷伊·斯塔讲了一个故事，她接到了计算机系同事的电话，这位同事很担心他的学生。他的学生想做一个质性研究项目，然而因为计算机系没有人知道怎么做这种研究，他就开始自学。他读了安塞尔姆·施特劳斯在一本教科书中写到逐字逐句编码，就花了几个月时间对自己的访谈进行编码，结果搞出了一堆编码。他的导师担心这是在浪费时间，希望这个学生能够开始进行下一阶段的工作。你肯定不想像魔法师的学徒一样盲目地学习编码，编码应该是一种有目标的分析性活动。

所以，我们得说明一下编码的目的。有关质性研究的书里充斥着不同编码方式的区别（如 Saldaña，2015）。简单地说，我们认为有必要区分两种编码。第一种借用了扎根理论的说法，是**开放编码**的一种形式。下一章我们将讨论**聚焦编码**和**指标案**

例的重要性，这里则关注怎样初步阅读你的观察结果，看看到底发生了什么。开放编码的主要目标不是根据自己的兴趣过早地限制分析的可能性，而是尽可能长时间地对不同的理论可能性保持开放心态。换句话说，开放编码通过把社会生活暂停一下，有助于将理所当然的事物陌生化。开放编码常常从阅读一个观察结果开始，然后思考其中有哪些显眼的东西，可以是一个句子的转折抓住了你的眼球，可以是一个矛盾，或者一个奇怪的反应。这些都是开始编码很好的切入点。你看看这个片段，然后在更广泛的背景中加以审视。

当然，你现在可能也已经猜到，我们**不**认为只对着数据沉思是分析的有效手段。只有当我们认真思考要**对**什么进行开放地编码时，“开放编码”才是个好名字。与开放编码的字面含义不同，开放编码不是让摘录在荒野中自由随意地游走，而是打开不同的理论之门，看看能在门背后看到怎样的景色（Pena-Alves，2019；Simmel，1994）。编码从来都不能脱离理论，你想到的编码就已经在与大量的文献对话。编码让你能够更好地回答质性数据分析的结构性问题：我的数据能够成为什么理论的案例？或者换句话说，编码让你对自己的观察结果的理论潜力有个初步的感觉。

即使在上文的例子中，“围绕青少年的争论”和“化解权威威胁”就已然处在不同的文献脉络中。第一个主题与以患者为中心的照料的新兴文献有关，即鼓励医师们根据患者的偏好量身定制治疗建议。医师们接受的训练和他们的经验都在说治总比不治好，那么他们会怎样把患者的偏好考虑进来呢？在这个案例中，一位医师怎样说服一个青少年，服用抗癫痫药物可能会防止因无法控制的癫痫发作而导致的永久性脑损伤，同时又关照这个青少年对服用药物的反感态度呢？或者看看第二个主题，在这样一个在线搜索、社交媒体和“谷歌医生”使每个人动动手指就能搜到医学知识的时代，医师们怎么表达自己才是治疗癫痫的专家？他们怎样回应这种对他们专业知识的威胁？这个概念涉及有关客户挑战专业权威、专业人员怎样应对这种挑战的大量文献。值得注意的是，医师们并不会通过悲观无望的生物医学结果来化解青少年的抵触情绪，而是提出了一个能够在青少年的生活世界中得到共鸣的论点，把这个论点说成是青少年同辈群体中的有关身份的正常期望。神经科医生用了胡萝卜而不是大棒，这样的方式实际上能够很好地从概念上消解这种权威的威胁。

我们已有的地图式和指南针式理论知识在“开放”我们的编码中起着一些重要作用。有时你只是没有在自己的数据中看到理论，如果你跟着田野笔记中的行动者的一举一动，或者看看他们在访谈中怎样构建自己的叙事，然后再从这些观点出发去进行理论阅读，常常能够更容易地在理论中找到自己的位置。这样的阅读也会反过来启发你构建更多的编码，以用到自己的数据中，用到你对观察中应该发生什么的预期中。理论能告诉你世界中行动的模式，即使最像地图的理论解释也是如此。因此，训练自己通过这些理论来发现这样的模式，是激发你从理论上进行思考的有用方式。

为了开放地编码，我们修改了那个古老的提问公式，对着我们的数据问：**谁做了什么、何时、何地、何种方式、有何后果**（Abbott，2004：104—106；Burke，1925）。这些最基本的问题使我们从坐着干想到迈出了一大步。在任何情境或任何叙事中，都有某人在做某事。编码中有了**谁**，你就可以重塑其中不言而喻的行动主体。然后就是做了**什么**。例如，神经科医生在谈论“驾驶和癫痫”时，是在做什么？他们更大的目标是什么？这个举动与一系列的行为有什么关系？接下来就是当时的时间次序和地点设定：分析中的**何时**与**何地**。如果我们分析发生在正式晚宴上的互动的一个片段，就需要认真对待这个仪式性场合的复杂性。同样的行动者在不同的时间、不同的场合会表现得非常不同，社会生活的场景会极大地影响身处其中的人共同行动的方式，一个叙事的背景设定对这个叙事的展开至关重要。即便从更一般的意义上说，如社会学家丹尼尔·西尔弗（Daniel Silver）所述，不同的场合会有不同的氛围，这样的氛围会影响发生在其中的事物（Silver，2011）。可以想象一间教室、一个聚会或一场葬礼会有怎样的氛围。

何种方式和**有何后果**是编码中比较难的问题。**何种方式**问题是指人们行动的社会机制。在癫痫的例子中，**何种方式**不是简单的“通过**谈论**驾驶”。如果这样，就只不过是描述性评价，从技术层面看没有错，但不会给你提供多少分析的抓手（除非医师们的常规做法就是用强力迫使患者服药，这样的话谈论就可能比较重要）。回答**何种方式**问题，需要比重复或总结行动者的原话更加抽象。在遇到不愿意服药的患者时，医师们会倾向于劝说。所以“劝说”可以成为一个一般性的**何种方式**编码。不过我们可以做得更好，可以抓住劝说的细节。这位医师的建议是为了患者能够拥有不同的未来。这段话也关注患者当下的生活质量，激励患者去控制癫痫发作。**呈现不同的未来、给患者看她当下生活的写照，激励**是达到目标的手段。所以，**何种方式**编码使探索社会机制，即解决相似问题的常见的习惯性方法有了基础（Tavory and Timmermans，2013；Gross，2009；Lichterman and Reed，2014）。

为什么不问**为什么**呢，就像肯尼斯·伯克（Burke，1945）（以及他的前辈修辞学家们）会做的一样？不是因为**为什么**有时不是个好问题。就某些情境下的某些研究谜题来说，它是个好问题，如果你对人们的自我合理化感兴趣的话，它尤其是个好问题。然而，用**为什么**来提问存在或因果问题则是另一回事。实际上，给出一个理由常常就等于人们以**何种方式**构建自己的叙事。换句话说，**为什么**是**何种方式**问题的子类，是一个具体的、有限的子类（Scott and Lyman，1968；Mills，1963）。**何种方式**问题则不然，可以追问在特定地点共同做某事的条件。

跟随从查尔斯·赖特·米尔斯（C. Wright Mills）到霍华德·贝克尔等许多建构主义社会学家的脚步，我们认为，只有在研究结束时，才能有一点信心尝试去回答**为什么**的问题，而且这样的回答也不过是从事物是什么样的显著的经验细节，就事物为什么是这样给出一个建议答案（Katz，2001，2002a）。

所以我们没有问**为什么**，而是提出了一个不同的问题，即**有何后果**。你可能已经对编码问题有些实用主义的共鸣。后果在溯因方法中十分重要，因为通过后果我们才知道自己面对的是哪种现象。于是，对后果进行编码，就意味着要么跟着互动继续看看对后续事件有什么影响，要么进行倒推，也就是把互动向前追溯一段时间，看看互动怎样成为后来的样子（Katz，2002b）。换句话说，就像会话分析者通过会话的**下一个转折**来确定语言的意义一样，我们要问“行动怎样影响前序行动，又受到前序行动怎样的影响？”我们没有假设互动不过是各种行动发生的一个场域，而是试着去看看当我们将持续的意义创造的多次迭代作为分析单元时，结果会怎样。我们曾在别的地方将这种编码称为**动态编码**（coding-in-motion）（Tavory and Timmermans，2017），后来觉得行动（包括谈话）随着时间会产生什么意义这个问题更重要，所以取代了**为什么**问题。

让我们通过一些例子来更具体地加以说明。

开放编码课

那么在实际中怎么编码呢？我们在教授质性数据分析时，会花整个课程大约一半的时间来讲开放编码。开放编码能够让你更深入地进入田野，更开放地进行思考。同时，开放编码也让分析不再神秘。从教育学角度，如果能有小组同伴来审视你的观察结果，这种开放编码的效果尤其好。你的研究同伴对你的笔记和体验的感受并不相同。他们没有像你一样，作为研究者跑了老远，去慢慢熟悉你的田野地点或你的对话者，或者用他们的视角去看你所看到的世界。对他们来说代价小得多，所以他们受到的限制也更少。他们阅读你的笔记的方法常常会不一样，所以对你的观察结果的理论化也不一样。如果你在小组中进行编码，这部分课程会形成自己的互动，大家可能会相互炫耀，相互怂恿，相互鼓励着去证明观察结果是否能够证实某个推论，或者挑战正在形成的诠释。我们发现，只要数据足够扎实，其中有丰富的民族志细节和完整的访谈记录，只要涉及的内容不要有太多的技术性细节，编码课几乎总是能启发研究者的思考。

小组编码课程有一些基本规则。

1. 在三个小时的课程中，我们让两名学生研究者选择大约1.5页（单倍行距）特别有趣或特别令人困惑的观察结果（田野笔记或访谈记录都可以)。我们轮流讨论每名研究者的笔记，每个大约一小时(我们提前检查了笔记，确保它们适合用于编码课程，如果笔记过于晦涩或访谈有太多技术性细节而不能用，就会被要求修改)。在每个班上，我们还会指定一部质性社会学经典著作进行阅读，在第一个小时里讨论这部著作。因此，每个人都已经有一些可能相关的文献储备。

2. 在开始上课时，每个人都花一点时间阅读笔记，在空白处写下他们能想到的编码。这时，班级成员可以询问做这些笔记的人一些澄清式问题。这名研究者澄清之后，我们让学生们接下来保持沉默，分头就课程讨论做笔记。如果没有这条规则，有的研究者就会不自主地纠正他们的同伴，告诉他们**到底**发生了什么。而这样做会影响讨论的效果，扼制对观察结果富有想象力的编码。

3. 我们开始讨论，问每个学生他们印象最深刻的是什么。有时候他们会意见一致，有时候会有许多分歧。这样做的好处是每个人都已经发过言，也希望能继续做出贡献。

4. 我们在白板上写下不同的主题，然后决定从哪个主题开始。基于上面讨论过的编码准则，我们关注的是观察结果中最明显的东西。随后，我们向学生们提问，希望能够深化这些主题，有时会回到他们读过的著作，有时会提到其他学术成果。随着编码的进行，我们在黑板上画满了箭头，标识不同概念的相互关系。最后，我们问这名沉默了一个小时的研究者她有什么补充，对她有什么帮助，然后我们讨论了接下来要做什么。

5. 最后一个关键步骤，是在下课以后，让这名研究者以备忘录的形式记下这些编码。这个备忘录包括对我们在观察结果中的发现的简短描述，以及这些编码可能会有的作用。你可以在观察或编码过程中完成这个过程性文档。写这种备忘录有个不错的方法，引用一些对你有启发的原话，然后分段叙述其中的概念。

下面，我们用斯蒂芬班上的几个例子来证明这种开放编码的作用。我们不会一一讨论每个编码问题，而是从中选择了三个，你可以自己补充其他几个。现在开始。想象一间小会议室里有大约 12 名到 15 名博士生，面对着一张白板。我们发了笔记的复印件，给他们 10 分钟在空白处写下编码。

谁

亚历山德拉·泰特（Alexandra Tate）[昵称亚历克斯（Alex）][1] 正在开展一个研究项目，是关于妇科肿瘤外科医生与

1　提到的研究者的名字都是指真实的参与者。我们把编码课录了像。教室里的每个人都知道我们在录像，知道他们可能会出现在本书里。如果我们要用到录像课，会把文本给提到的研究者，使他们有机会进行回应或要求那节课不要出现在书里。田野笔记中出现的人物姓名，都是做田野笔记的学生起的假名。

患者之间的沟通。她主要采用会话分析方法，也就是说她用视频记录了医患互动，但没有参加会面，也没有写下自己的观察笔记。在民族志班上，她补充了参与者观察。她决定对其中一位张医生（Dr. Chang）进行影子观察，用民族志的方式做了笔记。在写下下面这段笔记之前，张医生告诉亚历克斯她有一位非常重要的病人。亚历克斯在想这是不是对某些患者的非正式标签，不过张医生惊讶地解释道，这是这家洛杉矶医院对有权有钱的患者的官方分类。她还补充道，哪天晚上可以“喝杯酒”，详细说说她对这些患者的看法。

当我们走进诊室时，我看到一个女人坐在检查台上，两个女人坐在旁边的椅子上。其中一个坐在椅子上的女人戴着医院工牌，写着“礼宾”，穿着商务套装，拿着一堆纸。病人的腿上放着一个昂贵的名牌包，她的皮肤、头发和指甲看起来像是刚从美容店出来。另一个坐在椅子上的女人也拿着类似的昂贵的包，不过是不同品牌，她看起来年轻一些，也没那么精致。礼宾先站起来，在门口问候我们：“张医生您好，她是雷娜·丹尼尔斯。雷娜，这是你的肿瘤医生张医生。张医生，这是雷娜的侄女丽贝卡。”在介绍时，礼宾伸着手臂。张医生露出大大的微笑，跟雷娜握手问好。她介绍说我是一个博士生，“跟［她的］团队一起做研究”。礼宾看起来有些困惑，她的眉头蹙紧，有些微皱，问雷娜是不是同意我也在场。雷娜说当然没问题。礼宾问雷娜想让她陪着还是在外面等，雷娜毫不犹豫地说让她在外面等。

礼宾刚离开，张医生就带着自己的滑轮凳坐到了雷娜正对面，让她的侄女没法参与对话。“我看过罗曼诺医生拿过来的资料”，她开始说，接着解释她也同意雷娜的诊断结果，就是卵巢囊肿。我知道囊肿是良性的，不过随着张医生更多地解释囊肿的性质，建议手术切除，雷娜开始表现得有情绪。张医生也看出来了，身体靠向她说：“雷娜，这个囊肿不是癌性的，会好的，会好的。”雷娜的侄女从张医生背后插嘴道：“真的吗？”雷娜看起来如释重负，说她“真的松了一口气！”。她以为很严重，因为罗曼诺医生说她的卵巢上有一个“肿块”，她就以为是肿瘤。“我查了美国互联网医疗健康信息服务平台（WebMD）和美国癌症协会（American Cancer Society）的网站，想看看癌症的存活率。”张医生反复跟她保证“真的没什么”，并严厉地说，“不要再看网站了！那些网站只会吓唬你。”在讨论了更多手术细节之后，雷娜发现不过是腹腔镜手术并且很容易治愈，她很高兴地想走，“好的，就这么办。我想赶快搞定。我们能很快做手术吗？”张医生说她不知道自己的时间安排，但是跟雷娜说：“不过我相信你的礼宾会帮你处理的。”他们相互致谢，雷娜拥抱了张医生，张医生也拥抱了她，再一次跟她说："会好的。"

斯蒂芬回到班上，问学生他们觉得这些数据是关于什么的。其中一个学生，一个医学社会学学生，给出了听起来完美的答案：是关于医患互动，以及向一个可能患了癌症的患者反馈良性的检查结果。这种答案听来很好，符合医生和患者双方对互动的看法，也与医学社会学领域的广泛文献对医患沟通的看法相吻合。然而，这种答案却不能为这段观察提供开放分析的可能性。将这个案例界定为"医患互动"，这位学生就已经忽视了互动中大多数的行动者。抽象和简化这个情境的不是不同的人，而是变化的视角和位置。

为了进行开放编码，斯蒂芬要求全班暂时抛开这个看起来显而易见的主题，想象参与交流的行动者。医患关系假设其中只有利益明确的两方，但我们到底能够从这个互动中看到几方呢？想到这里，另一名学生说她注意到了诊室中的**局内人**和**局外人**。这就不一样了。如果我们把诊室里的人分成局内人和局外人，分析又能走多远呢？班上的学生根据不同的标准，罗列出几种不同的局内人和局外人。如果感受到癌症恐惧的亲身体验是成为局内人的标准，那么只有雷娜是局内人，其他人都是局外人。如果与患者的亲密度是局内人的标志，那么雷娜和她的侄女是局内人，其他人都是局外人。

于是，我们开始获得某种分析的推动力。全班一起区分了**局内人**和**局外人**的类属，基于**亲身体验**和**与患者的亲密度**这两个不同标准对这两个类属进行了界定，又根据每种标准对人物进行了划分。于是，通过分析对这个场景中的人物进行分类的不同方式，我们就能进一步深入剖析这个观察结果。

随后，全班又开始根据**医学知识**来区分局内人和局外人。如果了解状况就是局内人，那么张医生显然是局内人。不过也许美国互联网医疗健康信息服务平台和美国癌症协会也应该算是局内人，因为它们也为这个情境带入了不同形式的医学知识。还有，如果医学知识是成为局内人的标准，那么我们在互动中看到的就是**某些局外人转变成局内人**。张医生把可疑的肿块确定为可以切除的囊肿，所以把某些局外人变成了局内人。按照这个标准，唯一的局外人就是礼宾，因为雷娜要求她离开诊室。把局外人变成局内人这一点，使分析更加深入，这样做使我们关注到过程，关注到检查结果会以许多方式影响到其他人。班上学生可以假设雷娜的侄女在场是一种支持系统。然而，如果雷娜患了癌症并选择做了基因检测，对怀疑患有乳腺癌的有钱人来说这也不是不可能，那么这位侄女受到的影响可能比她们的亲属关系更直接。

把医学知识作为区分在场的不同个体是不是局内人的标准，使我们得以描述医学知识的不同属性：会引发**担忧**还是**安心**的情绪，**确定性**是高还是低，需要还是不需要**干预**。有的属性已经体现在亚历克斯的观察中，有的还只是存在逻辑上的可能性。我们提到这些可能性，是因为对差异感兴趣：未来的观察中会出现这些可能性吗？详细区分这些属性，还有助于我们找到这个片段中的人**标记**局内人或局外人的方式：礼宾在介绍时包容性的手臂姿势，询问某些没那么明显是局内人的人能不能在场，医生用凳子的位置挡住侄女而关注雷娜，说话时身体靠近，反复地宽慰，还有最后的拥抱。更抽象地说，不仅是由专业权威来标记局内人，医生还通过姿势、空间安排和身体位置来强化这样的标记。

还有，医院里的 VIP 的局内人问题。我们讨论了亚历克斯注意到的昂贵的包是不是足以成为 VIP 身份的标志，但是都赞同许多拿着昂贵的包的人不一定是 VIP。不过，礼宾的在场证实了这位患者的特殊身份。礼宾的许多行动都与局内人身份有关：是她在介绍每个人。在得知亚历克斯是个观察者时，礼宾还给了雷娜请她出去的权力。每个面对学生观察者的人都应该有机会同意或不同意他们在场，但礼宾通常不会提出这样的要求。张医生通常应该也会问如果亚历克斯在场患者会不会觉得自在。然而，是礼宾问了这个问题，证实了雷娜有权力决定谁能留下谁应该离开，当张医生给出诊断结果时，雷娜就是用这种权力让礼宾离开诊室。随后，张医生又让礼宾成为那个安排手术时间的人。

通过思考局内人和局外人，我们关注到了在场的那些既不是患者也不是医生的人：亲戚、礼宾、网络资源、健康状况和作为观察者的社会学家。如果我们把这个情境视为医患互动，就会在很大程度上忽略这些人，或者把她们视为这个传递和接收信息的复杂情境中的次要人物。如果我们像大量的文献那样，把这个情境称为“医学的声音”和“生活世界的声音”之间的对话，其中的医学权威期望其他人“遵从”她的建议，而社会科学家能够重塑关于“传记中断”（biographical disruptions）的“患者叙事”（patient narratives）（Mishler，1984）。将医疗场景假设为医患互动，是有关医学的社会研究的基础。在这个成熟的研究领域中，VIP 患者可能微不足道，却有助于我们研究特定社会地位得到的权利和尊重会怎样改变互动机制。

从局内人和局外人的视角对田野笔记进行编码，改变了我们看待诊室中发生了什么的标准方式。我们不仅能够将诊室中更多在场的人考虑进来，还能够根据不同的标准审视联盟的变化和各方的组成，有的标准与医疗、健康和医学有关，而有的标准与医院的社会结构有关，或者在这些案例中，还与财富和地位的特权有关。如果亚历克斯跟着这条线索去编码和分析，就可以写写有关医学的互动怎样让一些局外人成为局内人，让另一些局外人还继续是局外人。于是可以对参与其中的人进行不同的分类：有时候医生和患者在同一边，有时候则不然，还有时候医疗专业人员彼此意见不同但都与患者站在同一边。不过，医生在确保内部意见统一并将不同意见排除在外这个方面，可能会占有优势（Anspach，1993）。

这个编码线索，可能会使亚历克斯的研究与制度中的边界形成以及这种制度性分类如何传递**社会价值**等著作进行对话，在医疗机构这样的情境中，社会价值可能会影响医生们全力以赴挽救生命的程度（Roth，1972；Timmermans，1999）。例如，亚历克斯可以参考卡罗尔·海默（Carol Heimer）和丽莎·施塔芬（Lisa Staffen）有关医护人员给患者贴上不能治疗和能够治疗的标签的研究。他们的研究成果出人意料，发现新生儿重症监护室（NICU）的医护人员不太可能会给弱势群体贴标签，因为组织结构使这些医护人员要依赖父母把患病的婴儿带回家，依赖组织边界的弱控制。NICU 的制度逻辑是团结而非分裂，目标是改变而不是排斥“坏”父母（Heimer and Staffen，1998）。

打破医患互动的框架，也提醒我们组成医院的社会世界的那些出院管理人员、礼宾人员、社会工作者、呼吸治疗师、护理辅助人员、清洁人员、管理人员、安检人员、实验室人员等等的重要工作。亚历克斯没有把这个研究放在第一眼看上去很契合的文献脉络——医患互动中，而是借鉴了珍妮特·希姆（Janet Shim）有关文化健康资本的杰出成果。希姆对人们带到医学场景中的显性技能和常常不显山露水的技能进行了区分，使他们都能够被当作管理自身健康的伙伴而严肃对待。她认为，人们拥有这些技能的程度不同，对这些技能发挥的作用的归因程度也不同。她没有直接说，不过表达了文化健康资本能够在一定程度上判断局内人这个观点（Shim，2010）。

阅读这些笔记时，你可能会觉得我们还可以挖掘很多有趣的东西，这还只是关注了**谁**在行动、他们的相对位置如何这一个问题。没错，在这部分课程中我们的时间总是不够用。不过比起被难倒，这个问题还算好。

做了什么

纳达·拉马丹（Nada Ramadan）当时还是社会学专业一年级研究生，她决定研究一个为说阿拉伯语的穆斯林难民提供服务的非政府组织。纳达成为那个组织的志愿者，被分配到以英语为第二语言的英语教学班上。在她第二次进入田野地点时，形成了下面的田野笔记。

> 我走进教室，坐在后面。教师克里斯汀是一个怀孕的白人女性，她在黑板上写下不同的职业。跟上次一样，教室里坐满了学生，大概40人，有男性也有女性。上次课是由一名代班教师上的，使用的语言既有阿拉伯语也有英语，而克里斯汀则只对学生说英语。福阿德先生会根据学生的年龄［称呼老年人为哈吉（Hajj）］或他们长子的名字［穆罕默德（Mohammed）阿布（Abu）/乌姆（Umm），也就是穆罕默德父亲/母亲］来称呼学生，而

克里斯汀在叫学生回答问题时，只会叫他们的名字。

克里斯汀让学生两人一组来复习不同的职业，然后走过来，我们互相做了自我介绍。听到我说是来帮忙的，克里斯汀很高兴。她告诉我，他们这周末必须组织完成学区的考试。她说这些考试很重要，决定着他们是不是能继续得到学区的资助。她把自己的手册递给我，给我看这个考试是什么。

这个考试分两部分。第一部分是不同的图片，下面留有空白。题目是让你描述这些图片所呈现的成功学生的习惯。不过在看这些图片时，我发现就连我在理解图片的含义时都有困难。有几张图片中是个女孩在学习，有一张图片中是一组学生在学习，还有一个活页夹。[……] 我需要根据学生们问好、姓名、缺席的理由和时间、回来上课的时间和最后的结束语来给他们从 0 到 3 打分。“如果你不确定给几分，就打低一点。分数不好，他们就会觉得还是应该来上课。”

克里斯汀再次感谢我来帮她，然后走到教室前面，继续与学生们做练习。她跟学生们说我将会帮助莫娜一起来组织考试。她语速很慢地提醒学生们，这就是他们上周练习的内容。“请大家在考试中发挥最好的水平。学区得看到你们的进步，才能让我们继续开这个班。”她问有没有人自愿先去考。

一个过于热情的中年男人阿德尔走过来跟我坐在一起。我从他跟其他人对话时的阿拉伯口音中，听出来他是伊拉克人。他用英语很正式地跟我问好。“女士，你今天过得怎么样？”我把试卷给他，让他用英语完成第一部分关于图片的那些题目。他回答道：“好的，女士。我很乐意去做。”他写下了图片的内容，准确地描述了那些成功学生的特征。接下来我们来到了考试的对话部分。他说得很有信心，表达也没有出错。我称赞了他的英语，他微笑着解释说自己在小学和中学都上过英语课。我猜道：“大学也学了吧？”他答道：“没有。我上的是技术大学，不过在这里又学了英语。在被占领期间，我也为美国政府做翻译。”他解释说，在为美国政府服务之后，他得到了一种特殊的移民签证。我感谢了他，并叫签到表上的下一个学生过来考试。

那是一位年老的叙利亚妇女法拉赫，她不想过来考，问能不能明天再考。班上其他学生都在鼓励她考完算了。她的书上都是笔记，用工整的阿拉伯文字标注了所有她不认识的词。她答题答得很慢，对话部分也很慢，不过说得很好。

课上完了，项目主管拉娜用阿拉伯语说：“我们上次说你可以从家里带一些寄托感情的东西。如果你带来了，请到前面来拍照。”有 5 个男人和 3 个女人站了起来。他们大多都带的是念珠。有个女人带了一本小小的《古兰经》。其中有个总是穿西装来上课的伊拉克男人，这次也穿着传统长袍、戴着头巾［贝都因（Bedouin）服饰］。他们站成一排，不自然地举着自己的物品。拉娜拍了几张照片。

一个总是坐在一个年轻男人旁边的、更加年轻的金发女人走过来，用阿拉伯语问我是不是老师。我用阿拉伯语回答："不是。我只是来班上帮忙的。""噢，你是埃及人！我们在猜你来自哪里。我们觉得你是黎巴嫩人或者叙利亚人。"拉米亚告诉我，他们三年前搬到了美国，不过之前住在华盛顿。另外两个戴着头巾的女人也加入进来。其中一个头上紧紧地戴着白色头巾，我从中判断她是叙利亚人。"我们从哪里来并不重要，在这里我们都是姐妹。"我问她们上课上了多久。拉米亚说她上了 8 个月了。她解释说，她有几次都试着去社区大学上课，不过太难了，没能坚持下来。她喜欢来这里，因为总有人会用阿拉伯语来解释概念。她还说，她喜欢来这个班上课，因为她们有机会能见面。"周末的时候我们不开心，因为见不到彼此。"

因为纳达正处在研究刚刚开始的阶段，斯蒂芬让班上同学把自己想象成她这个项目的科学顾问委员会。她有数据，这些数据能够回答某些谜题，所以全班的职责是帮助她弄清楚她面对的到底是什么谜题。斯蒂芬鼓励学生们要对许多不同的可能性持开放态度，可以从列出其中抓人眼球的不同要素开始。一个学生指出，这个田野地点的特点是种族的模糊性，学生来自许多不同种族，不过因为他们都是穆斯林，都说阿拉伯语，所以在一起上课。第二个学生有在非政府组织（non-governmental organization，NGO）工作的经验，他强调说资源总是不够。第三个学生注意到，虽然这是一个英语班，却有很多因素使看起来各不相同的人们团结起来。全班同学没有在这几个主题中进行选择，而是把它们都置于“英语班”场景中正在发生的各种非正式活动的总称之下，即做了**什么**。

一个场景中官方目标和实际发生的事件之间的对比，有助于我们弄清楚编码指南中的“做了**什么**”。这里我们感兴趣的是在这样一个英语第二语言班上，参与者们做了什么。他们是在学英语，他们所做的又不只是学英语。因此，全班同学首先把活动分成两组，**非正式**活动和**官方**活动。其中一个官方活动是**教育考试**。不过，班上的研究生们认为，讽刺的是教育考试与**资助条件**（funding mandate）有关，而资助条件是影响美国NGO生命周期的重要因素。这与英语第二语言班上学生们的非正式社交不同，体现了组织还有个不那么隐蔽的议程。教师既让纳达给学生打低分来表明继续教育的必要性，又想证明全班的进步，也强调了这个非正式的组织议程。考试使学生们成为这个非营利组织内部常规实践项目的一部分。

不过，学生们的目标看起来是与其他来自阿拉伯语国家的人进行**社交**。上面这个片段的最后体现得很明显：[拉米亚]还说，她喜欢来这个班上课，因为她们有机会能见面。“周末的时候我们不开心，因为见不到彼此。”**社会融入**和**与其他说阿拉伯语的移民进行社交**有什么关系？一个学生注意到，教师用一种方式称呼英语班上的学生（名字），但学生们之间转身就会用原籍国常见的方式相互称呼。这是一种分化？还是一种团结？这些都是纳达接下来在田野地点的观察中可以继续追踪的问题。

教师通过让学生们从祖国带一些东西缓解这种紧张。这应该代表认可这种社群性的目标，但他们的物品却被用来拍照。有一位学生推测，拍照是为了筹集资源。他们通过拍照来**记录多元性**，表明这是个社会融入项目。教师有双重目标，既要确保组织得到资助，又要证明组织符合资助标准。从笔记中，我们无法了解这些物品的用途。它们也可能是练习英语或讲故事的道具。在这个时候，我们能做的就是关注一些问题，希望通过未来的观察能够回答这些问题。

接下来我们来看田野笔记中一段有趣的对话：一个总是坐在年轻男人旁边的、更加年轻的金发女人走过来，用阿拉伯语问我是不是老师。我用阿拉伯语回答：“不是。我只是来班上帮忙的。”“噢，你是埃及人！我们在猜你来自哪里。我们觉得你是黎巴嫩人或者叙利亚人。”从这段对话中我们可以讨论**行动的**

后果。纳达的在场，为描述这个场景中的官方和非正式活动之间的张力提供了机会。一旦纳达用阿拉伯语回答，这个女人就能从纳达的口音中推断出她是埃及人。她这么做，代表她在判断纳达的成员类属。当纳达回答时，这个女人可以有其他无数种反应：夸她的头发有多漂亮，或者请她帮忙完成作业等。可是，这个女人关注的是纳达的国籍背景。如果我们觉得这不是对话中的一个随机的转折，**确定纳达的国籍**在互动中就十分重要。纳达回答了，在互动中就成为了“我们中的一员”。而拉米亚这么问研究者了，就意味着这个问题起码在当下对她非常重要。

接着我们来看一些学生怎样把班级考试当成**表演**。每个人都知道，考试意味着不同技能方面的差异。不过这次考试可不止如此。例如，阿德尔就把考试当成了一次表现的机会。而另一方面，年老的叙利亚妇女法拉赫，她不想过来考，问能不能明天再考。班上其他学生都在鼓励她考完算了。全班学生都在给她鼓劲，大家集体声援她，不管是不是叙利亚人。这里我们能看到，英语班成为人们团结起来的机会，这种团结超越了基于原籍国的关系纽带。

在项目启动之初，编码课的目的是对田野地点中正在发生什么给出一些可能的方向。这项研究的主题可能是什么？这节编码课的结果表明，这个英语第二语言班中，活动发生在许多不同的层面：民族纽带和关系看起来十分重要，说阿拉伯语的人的不同国籍会影响到友谊联结的建立，又超越了国籍影响，一个说阿拉伯语的社群正在形成。此外，我们还发现这些活动与维持非营利组织的运转有关，像考试和展示多元性等活动都是面向那些看不见的不同受众。这里就可以开始参考不同的文献。有关移民中的泛民族的文献（Lopez and Espiritu，1990；Okamoto and Mora，2014）；真实性和组织资助在实践中怎样相互交织（Eliasoph，2013）；基于共同体验的区位性社群（located community）的构建（Fine，2012）。

有什么后果

当新冠肺炎疫情来袭，加利福尼亚州要求居家办公时，周凯婷（Kaiting Zhou，音译）正在研究 2020 年大选中共和党和民主党针对老年人的基层动员。在社交隔离期间，很难进入严密的政治网络。于是她转而开展了一个不同的项目，决定访谈人们在封闭期间的约会经历。新冠肺炎疫情不利于观察类研究，但许多人都渴望交流。人们都被关在家，接受访谈可以从每天的无聊中喘口气。凯婷用相对比较短的时间就访谈了 50 个人，主题是社交隔离对开始一段浪漫关系有怎样的影响。

下面的片段来自一对男同性恋伴侣，他们在疫情之前只在咖啡馆见了一面，就决定开始约会。

K：在封闭期间，你们是什么时候觉得可以见面的？你们都很小心，对吧？

D：是的。是的，他尤其小心。他在自家的家族企业（食品加工业）工作。真的很有趣，我们最后……当时我刚买了一套公寓。我正在收拾东西，准备搬家。他一月刚搬回来。他是在这里长大的。他问："噢，你需要箱子吗？"我想："我当然需要箱子。"因为我一个箱子也没有，正在担心能去哪里找几个箱子。其实我就住在一个搬家用品商店旁边，那家店还开着，不过……有人给我箱子也不错，因为箱子太贵了！

K：没错。

D：太傻了。我在说"你知道吧，如果你给我箱子……"，就像是我们要违反封闭管理。他说："没错，我觉得是时候打破封闭了。"我说："好的。"好像是过了三周吧？反正是两周之前。我们到现在封闭了多长时间？没错，那时候我们可能聊天或视频约会了一个月。当时他不想，是我想见面。我的意思是"随时都行"，因为我除了去咖啡馆和杂货店哪里都不去。我谁也不见。我会去跑步，别的什么都不干。我跟谁也不接触。我想见面，可是他要为他的妈妈工作，他妈妈已经 65 岁了，他的意思是"我不想让她冒更大的风险"。我觉得没问题，我完全尊重他的意愿，让他决定。我们从来都没有觉得"好吧，什么时候才能安全地见面”，而是我要搬家，他有箱子，他给我箱子像是个借口。所以我们从来都没有讨论过这个问题。

K：所以你基本上是直接告诉他，你想见他。他基本上是用给你箱子来说“好的”，我理解得对吗？

D：我觉得是的。因为他总是说：“如果我不为我的父母工作，我绝对会见你。但是我每天都会见到我妈妈。她已经渐渐老了。”我懂……所以我尊重这一点。但是我觉得有个借口比较好，不用非得说“来吧，让我们打破封闭吧”。管它呢，我觉得这样可能对他来说比较容易。

斯蒂芬当时只能用 Zoom 上课，他通过 Zoom 界面问学生他们觉得这部分数据是关于什么。学生们一开始关注到了开头那句中的“小心”，把这个词概念化为浪漫关系中的**风险管理**。另一个学生补充说这个片段反映了**关系的转折**，特别是因为身体渴望促使从虚拟约会到真实约会的转折。第三个学生观察到在居家隔离期间**第一次约会的含义发生了变化**。其中第二个想法比较宽泛，学生们决定围绕这个想法进行分析。学生们注意到，搬家箱子成为打破隔离规定见面的一个勉强的借口。虽然看起来受访者想做**什么**，还是有点含糊其词，不过居家隔离让从身体接触到亲密关系更加微妙。

居家隔离期间，约会的**道德计算**（moral calculus）发生了变化：这个道德等式的一部分是危及一方母亲的风险，也许是要求另一个人为了性生活而冒着伤害父母的危险，这就更难。学生们还注意到了受访者思考的另一个道德计算：我们这几周都表现很好，也就是说，该给我点回报了。在美国社会中，这好像是人们厌倦了社交距离时的一种普遍感受。

所以，第一个主题是关于访谈摘录中的人做了**什么**。学生们注意到，当受访者直接提出约会时，他是在动用双方关系和他的**自我**的其他方面，他需要把自己表现成一个“好人”。在访谈中，虽然他直接提到性，但也用幽默的笑声缓和了一下。第一次约会的重要性也提高了：在社会剥夺的背景中，已经成为一段萌芽关系的更显著标志。

学生们还注意到，受访者和他的新伴侣都显然用箱子来加以掩饰。这就是访谈中出现的**后果**。即使对这段关系的走向没有任何含糊，疫情也引入了一种**责任感**。所以他们用箱子作为**道具**，来推动关系的发展。而箱子又在这段关系中加入了含糊因素，虽然他们借这些道具讨论的并不是性，箱子还是会让天平有些倾斜，**不仅**关乎性行为，还涉及帮助一个有需要的潜在伴侣。

可以用**礼物赠予**的概念重新审视这个含糊的性欲问题与约会的关系。赠予搬家箱子是一种礼物，就像所有的礼物一样，它会巩固一段关系（Mauss，1954）：太傻了。我在说“你知道吧，如果你给我箱子……”，就像是我们要违反封闭管理。他说：“没错，我觉得是时候打破封闭了。”我说：“好的”。好像是过了三周吧？反正是两周之前。我们到现在封闭了多长时间？没错，那时候我们可能聊天或视频约会了一个月。不过箱子是一种奇怪的礼物。虽然学者们常常将性和礼物赠予联系起来，但这个案例好像表明礼物（箱子）使性行为变得合情合理。通过礼物赠予，使性行为成为可能。

还有一名学生想知道这种明确表述的**社会性别差异**：一对男同性恋伴侣在计算风险时，可能与异性恋、双性恋或女同性恋伴侣不同。学生们认识到，如果凯婷想对比不同的关系，那么从这种含糊其词入手会非常有帮助。在男同性恋关系中，有关性的谈判可能比异性关系中更直白（Green，2008）。不过这并不是说在这些情境中有关自我的谈判会更容易。这段访谈表明，含糊其词的原因已经不再是想发生性行为，而是表明自己未来是一个体贴的伴侣。

学生们始终关注含糊其词和不确定性的问题，于是注意到访谈所发生的更广泛的背景也很重要：访谈发生在一个无论是关系还是道德都充满不确定性的情境中。没有明确的文化脚本（cultural scripts）来帮助人们应对全国性的居家封闭和社会隔离：因为他总是说：“如果我不为我的父母工作，我绝对会见你。但是我每天都会见到我妈妈。她已经渐渐老了。”我懂……所以我尊重这一点。但是我觉得有个借口比较好，不用非得说“来吧，让我们打破封闭吧”。因为这样的脚本很少，没有人清楚什么样的人才是一个好伴侣或好儿子，怎样平衡这些身份也变得很难。什么时候才是打破封闭、追求新关系的合适时机？就算不重新塑造文化脚本，也需要通过谈判更新文化脚本。从这个意义上说，也许访谈摘录的主题就是人们怎样构建新的道德脚本。在这个案例中，约会是未来更广泛的一系列观察的一部分，是在新的条件下创建新的道德自我。也许这时候可以参考关于事件和动荡时代的文献（Swidler，1986；Wagner-Pacifici，2017）。

看看这些不同的观点，就会发现对这段摘录进行开放编码时，做了**什么**这个问题与**有何后果**这个问题密切相关。访谈虽然总是从一个视角进行讲述，却常常包含对社会生活是如何展开的丰富的过程性描述。关注这些过程性问题，就算更多反映的是受访者怎样看待世界，而不是事件“到底”是怎样展开的，也能够为我们查询哪些文献和问题提供重要的指引。

结　论

开放编码看起来好像是在黑暗中跳跃。你祈祷平稳落地，但不知道结果会怎样，直到在文献中找到坚实的落脚点。如果只是收集更多数据，希望下一次访谈或下一次观察会特别有启发，或是特别能证明你觉得文献中应该已有的观点，这种想法可能很诱人。不过研究并不是这样。意外发现应该来自你对已有观察的梳理。我们在本章中阐述的实用主义提问法能够帮助你反思自己数据的宽泛问题，其中有些更加明显，有些则不然。开放编码的秘诀，是把自己的观察结果朝各个方向打开，不过要这样做，你得对自己打开的这扇门是**通向**哪里有一些想法。

还有一点反思。

与收集观察结果相比，编码能够提供的情感满足并不相同。有的学生觉得这两个工作是相互矛盾的。你花了大量的时间，收集丰富的细致的观察结果，捕捉社会生活中的矛盾和细节。而编码关闭了一些道路，又打开了另一些道路。编码关注的是抽象的类属化，必然会削弱观察生活事件展开的丰富性。这种冲突存在张力，常常像是在客体化社会生活。你想一想，如果一部书稿中有大量的观察结果却只有少量的引语，那么在力求全面的努力和成书中只有少量引语之间的差距就会令人大失所望。研究者选择质性研究是为了保留社会世界的完整性，因此会尤为失望。

不过归根结底，社会科学就是这样。简化、净化和客体化是从事社会科学的关键所在。布鲁诺·拉图尔研究了想要弄清楚亚马孙博阿维斯塔（Amazon Boa Vista）森林中的稀树草原是在增加还是减少的土壤科学家，说明了简化的重要性。想要解决这个谜题的土壤和植物科学家们从稀树草原和森林的交界处取样，作为“沉默的证人”（Latour，1999：34）。这些样本既是标本，也是科学家们想要证明的观点的保证。为了回答这些问题，他们从森林最重要的特征中选择了野生动物和湿度、噪声作为指标。科学家们用这些样本来了解整个森林，把它们打乱以后与其他样本结合起来，试图找到森林中看不见的模式。但是这些样本已经不再是森林。拉图尔写道："我们通过失去森林来增加对森林的了解。"（Latour，1999：38）他解释道："我们由于持续的土地流失所失去的东西，却因这样纸面上的、计算出的、档案中的减少使其他形式成为可能，最后我们重新得到收获有百倍之多。"（Latour，1999：55）还有："我们一步一步地失去了地方性、特殊性、具体性、多样性和持续性，到了最后几乎什么都不剩，只剩几张纸……但是在每一步中，我们不仅仅是在失去，也有获得和重新获得。通过这样的代表性工作，我们有关共存、标准、文本、计算、循环和相对普遍性的收获要大得多，到了最后，在田野报告中，我们不仅呈现了博阿维斯塔的全部，还能够解释它的变化。"（Latour，1999：70—71）的确，最后土壤样本只会成为一篇文章中一个表格里的一条数据，成为一个代表森林和稀树草原的数字。这里的重点是通过简化才能实现转型和更新，如拉图尔所述，简化也能实现丰化。相似之处更少了，但我们得到了一个新的世界。少就是多，只是要"少"得合适。

质性研究也是一样：简化和抽象化之后才能计算、概念化、验证、论证和理论化。这种此消彼长正是编码的意义：在抽象化的时候，你不只是在做减法，也会收获一些东西。所以，分析是一个有指引的转变过程，编码则有助于推动这个过程。当你基于民族志研究擅长的各种议题，用聚焦的方式去开展观察和访谈时，当你提出具体的访谈问题时，即使你的问题很宽泛，也已经开始了简化社会生活的过程。你当然可以通过丰富的细节来呈现你的论点，而不是直截了当地进行断言。如我们在第 8 章所述，这在某种程度上是写作问题。不过，为了证明自己的论点，你得知道要说什么，这时编码就能助你一臂之力。编码是揭开谜题，是找到参与学术对话的切入口，是用你的素材展示其他人错过的东西或事物的变化方式，这种体验将会激动人心。这是一种完全不同的快乐。

第 6 章

聚焦编码

斯蒂芬读博士的第二年是在伊利诺伊州中部的玉米地里度过的。当时他正在写一篇文章，是在几年前他的母亲意外遭遇了改变人生的中风时，他有关绝症和致命肿瘤患者的研究经历。写那篇文章的缘由，是诺曼·邓津（Norman Denzin）在伊利诺伊大学教授的田野研究方法课[1]。那门课程要求学生首先讲述一个自己生活中的故事，再寻找应对这个问题的制度路径，接下来第三步是在公开展示中加入自己的个人经历。诺曼鼓励斯蒂芬，让他把白天开展的研究跟晚上与父亲和兄弟一起坐在母亲床边的个人经历结合起来。母亲万分危急的状况凸显了存在的不确定性和寻求安慰的努力，远甚于斯蒂芬在肿瘤病房里观察到的一切。这是一段学术生活和个人生活以最激烈的方式相互交织的时期。

1 当诺曼转到传播学研究时，社会学系让斯蒂芬来教授田野工作方法。第一节课上了十分钟时，有一位学生站起来道歉，说她理解错了课程名称。她以为这门课是关于田野工作的，是一门农业社会学课程。从那以后，斯蒂芬就偏爱“民族志”这个术语而不是“田野工作方法”，虽然“田野工作方法”这个术语在芝加哥学派社会学家中更受欢迎。

斯蒂芬用扎根理论风格的开放编码经过无数轮打磨写成了初稿。但是并没有奏效：他列出了很多个话题，却没有论点。文章最后成了一个打动人心的故事，不过从社会学的角度又有什么意义呢？斯蒂芬把文章给了诺曼，请他指导。

接下来发生的事说明了**开放**编码和**聚焦**编码的区别。用诺曼的话说，这篇文章放在他的桌子上"落灰"几个星期之后，他终于读了读。他跟斯蒂芬要了更多有关医院观察的田野笔记，想更好地了解数据的范围和细节。等他们见面时，诺曼没有建议斯蒂芬继续进行开放编码，而是让他试试聚焦编码："你应该做的是这个。你应该参考格拉泽和施特劳斯有关背景感知（awareness context）的研究，把你的体验和他们的开放感知（open awareness）概念联系起来。你想说明的观点是知道一个人可能得了绝症，也就是开放感知，还不足以接受疾病和死亡。你应该讨论的是抱有希望和知道结果可能很糟之间的张力。"[1]

聚焦编码是指你确定了一个有研究潜力的主题之后，在这个主题中进行编码。聚焦编码可以在几轮开放编码之后进行，意味着你的分析有了新的手段：你找到了一个有研究前景的主题，通过不断探索差异来构建起你的焦点。数据分析也可以从聚焦编码开始：有些学者，特别是有经验的质性研究者，很少进行宽泛的开放编码。他们在收集数据的时候，基于分析类似

1　结果证明，诺曼完全知道自己在说什么。请参阅 Timmermans，1994。

数据的长期经验和对相关文献的熟悉程度，已经被一个有研究前景的主题所吸引。这并不是说他们立刻就能在大脑中完成整个分析，只是说由于他们熟悉文献，知道什么**可能**成为一个有研究前景的焦点。这也不是说一开始构建的焦点就必然是分析完成时的主线故事。有经验的研究者可能不知道案例到底**是什么**，但肯定知道案例**可能是关于什么**的。他们不会从开放编码的第一步开始，而是在自己选定的主题下编码。在斯蒂芬的例子中，诺曼将背景感知理论确定为焦点，围绕这个焦点来分析两种来源的观察结果。

那么聚焦编码中的溯因观点又在哪里呢？当你找到分析的结构性主题时，意外发现难道不会已经消失了吗？聚焦编码从你认为案例最有可能的主题开始，到最后一次审视你到底有什么案例结束。理想与现实之间不可避免地会有偏差。正是你以为自己看到的和你从数据中所发现的之间的差距，才是出现分析性意外发现的地方。与开放编码不同，在开放编码中我们深挖单个的观察结果，得到好几个可能的主题，而聚焦编码则是先确定一个宽泛的主题，然后随着对摘录之间的差异进行编码来深挖这个主题。两种编码形式有着相反的分析推动力，但二者的目标都是深入分析你的观察结果，为数据中的意外发现做好准备。

怎样进行聚焦编码呢？确定一个可能的结构性分析主题后，读一遍你的观察结果，从中找到能够呼应这个主题的相关数据。

任何民族志或访谈摘录，哪怕与这个主题只有一点点相关，也要放进一个标着研究题目的文件夹中。当然可以用剪贴和粘贴，不过起码伊多觉得用彩色铅笔也很好。你是在建立一个“原型集”，也就是初步选定的观察结果的集合，随后再进行细致的筛选。在阅读的同时，你得记下为什么你觉得这些片段切合这个主题。观察结果的集合可以根据研究项目的结构来组织。例如，基于访谈的研究，特别是基于半结构访谈提纲的研究，常常会通过一系列问题来探索主题。你可以利用这种结构，创建一个来自不同访谈的回答的集合（Deterding and Waters，2018）。大多数情况下，你的集合都会覆盖不同的民族志或访谈时刻。在构建这个集合时，你也要着手收集与选定的主题相关的文献。

查看自己构建的数据集时，要寻找的是我们所谓的**指标案例**，指标案例锚定了你启动的这个分析的方向。用最简单的话来说，指标案例就是一段观察的摘录，这段摘录是分析的切入点（在流行病学中，指标案例或零号病人是一次感染的源头）。围绕着指标案例，才能开始构建差异。实际上，指标案例就是看起来能够最好地反映或引出研究中一个可能的核心主题的摘录。所以，选择指标案例要讲究策略。如果你只能用一个东西来证明主要的主题，那个东西就是指标案例。

指标案例可以是一个出人意料的观察结果，也许是一句偶然的评论，却意味着来之不易的观点，也许是一个人们必须调和的矛盾，或者是非常巧妙地展开的一系列行动，反映出你所在的田野地点什么最重要。如果你从事研究已经有段时间了，常常就已经知道我们在说什么。指标案例是你和朋友讨论自己的研究时会提到的事件，是你参加会议作报告时一定会放在PPT里的一段访谈引语，是你放飞思绪时总会闪现在你头脑中的那些观察结果。通常，指标案例的出现和学术上的兴奋会在一定程度上相互影响：因为你对文献了如指掌，所以准备好进入特定的主题。

怎样找到指标案例没有一定之规。这里描述了一些不同的做法，体现了我们各自工作方式的差异。有的研究者喜欢从一个“模态”摘录开始发现差异，这个摘录能够很好地体现数据中最常见的模式；而有的研究者则从一个“边界案例”（edge case）开始，这个案例最有可能证明研究者的观点。是从数据集的中心到边缘，还是从理论的边缘到中心，都取决于你。

选定指标案例之后，就是时候回到你构建的整个原型集，探索自己正在形成的这个主题在实质上和分析上的差异。搞清楚聚焦编码，就是决定原型集中哪些观察结果应该归为一类，哪些数据片段可以丢弃。通过思考这些观察结果有多宽泛或多具体，以决定它们能不能留在集合中，你就确定了分析属性的范围，也就是有意义的差异的范围；这些观察从哪里开始、到哪里结束，其中有谁出现，是什么使他们出现在一起。在对比每条数据和指标案例时，你都需要说明为什么有些观察可以进入集合的原因。发现完全一样的案例，对分析价值的提高是有限的。你要找的是差异：与指标案例相似但不完全相同的例证。如果指标案例中包括你感兴趣的所有要素，那么你要找的观察结果就要包括大多数但不是全部的要素。这些区别是理论探索的基础。

你开始在数据差异中寻找模式。这有助于你弄清楚，数据中的某些现象是不是虽然引人注目却过于罕见，某些摘录是不是过于含糊而不能用于分析。虽然差异出现的频次不一定能反映其在分析上的重要性，但有的事物是只出现一次，还是无论在哪里都能看到，这很关键。

这时，分析就会有不同的方向。你可以决定把自己的集合细分成不同的类属。例如，通盘审视你的数据集，可能会发现大的主题下包含着三个不同的过程，如果给每个过程更多的空间，也许会更有意义。决定每个案例的分配并解释分配的理由，是聚焦编码的一部分，能够明确类属的分析边界。当然，你也可以继续用整个集合来进一步探索这个大的主题。我们将在下面讲到，你可能会想回头看看最初的指标案例。这个指标案例仍然切合这些差异吗？依然是分析的一个好的切入点吗？还是你应该找一个不同的指标案例？

最后，在描述类属的细节时，需要进行更详细的编码。就像开放编码一样，重点是对词、句、段或事件等数据片段进行基于理论的抽象化。你要找的概念，应该能够抽象地反映你的笔记的特征。可以从指标案例开始，罗列出所有的概念维度。

这时，“谁做了什么、何时、何地、何种方式、有何后果”的编码指南可能会再次证明自己的作用。你可以一个一个地把案例与指标案例进行对比。首先，可以评估指标案例的观察结果和下一个观察结果中的概念是不是一致。以指标案例作为基准，通过分析观察结果的相似之处和不同之处，你就能够总结概念特征。

使用聚焦编码处理完数据之后，你可以开始形成**论点**，即人们怎样理解所处的环境、怎样体会更广泛的结构性约束，或是怎样解决紧张关系。如我们在自己的第一本书中指出的那样，这时还要开始审视你的观察结果是不是支持其他的解释或论点。我们前面已经提到过陷入制度性自我选择的风险。这可能是另一种解释：你观察到这些结果，是因为人们就是这么做的，还是你的田野地点的人是最有可能会这么做的那些人？想想这些其他可能的解释，有助于你想象自己面对持怀疑态度的受众时怎样捍卫自己的发现：一个讨厌的批评家会针对你的推论提出哪些可能的其他解释？这些解释并不是无穷无尽的，受限于文献和你的数据中的可能性，显然，你不可能应对每一个可能的解释，你得承认，由于你的数据的局限性，有的解释就是无法验证。可是即便如此，事先预测这些其他的可能也会更加有益。

当然，这个过程不是线性的。有时候，你会发现自己盯着同样的观察结果好多天，试图弄清楚哪个案例能成为指标案例，如果把它作为指标案例会怎样影响你的分析。有时候，你会发现你以为是个很好的指标案例的案例，在很大程度上忽略了你看到的模式，不能成为有用的分析锚点。你还应该停下来看看其他人在你这个话题或相关话题下已有哪些成果。随着研究的推进，你对自己将要做出的具体贡献描述得越多，阅读的文献就会越广泛，也越相关。

听起来不错，然而得再问一次，溯因分析的根基在哪里？意外发现在哪里？如同在开放编码中一样，用这样系统、详尽的方式处理你的观察结果，意外发现就能凸显出来。这就像是沙盒游戏中禅道花园（Zen garden）里的耙线，你只有以系统性的方式耙地，才能碰上需要你改变方向的鹅卵石。在聚焦编码过程中，意外发现会出现在理论期待和经验细节之间的差距之中。从一个例证到下一个例证一一进行编码，就是在构建基于不同的观察结果应该发生什么的期待。这时你会变得对与众不同的东西十分敏感，因为它不符合你所发现的模式。出于这个理由，异常就十分宝贵，需要你重新思考它们为什么不符合你的预期，需要你重新校准自己已有的东西，或是决定将异常放着不管（Lakatos，1978）。

与开放编码一样，聚焦编码也会提醒你数据收集中的漏洞，告诉你新的需要补充额外观察的地方。这也是一边进行数据分析和写作，一边反复回到田野的原因之一。你可能想要对某些漫不经心的评论进行事实核验，或就初步分析中凸显出来的议题获取其他人的观点。编码会给你行军号令，告诉你下一次访谈或到访田野地点时要关注什么，这也是尽早开始编码的又一个理由。

聚焦你的编码

在质性研究班上，我们在开放编码之后进行了聚焦编码。这时，学生们已经在自己的田野地点观察了至少几个月。我们让他们从自己的笔记中选择同一主题下的至少 3 个片段，写一个备忘录来描述这些片段的相似性。随后，我们在课上进行**逆向编码**（reverse coding）：我们阅读田野笔记，一起通过对比和比较这些片段来进行编码。学生们没有读过别人的备忘录，也不知道其他研究者选择的主题，他们的任务是一起重构这个主题，或者提出更好的主题。理所当然地，全班进行的聚焦编码比那位作为民族志学者的学生所做的备忘录更深入、更详细。不过通过集体进行聚焦编码，我们也经常发现，那位学生从自己的观察结果中看到了根本不存在的东西。学生们肯定会想他们是不是自己就能完成这样的编码。当然能。关键是不要急着去编码，而是花一点时间去消化它。不要满足于观察中所发生的那些显而易见抓人眼球的东西，而是去探究。同时，一起编码也会有所助益。下课以后，有些学生结伴一起编码，他们轮流审视彼此的观察结果。

为了说明这种聚焦编码和指标案例在项目整个周期中的作

用，以及怎样进行**不同的**聚焦编码，下面将分析两个例子，来自我们在写作本书过程中参与的独立研究项目。第一个例子说明了通过聚焦编码的基本步骤，以构建起一个经过梳理的数据点分析集合。第二个例子则表明了指标案例和分析论点在分析数据的过程中会有怎样的变化，以及它们怎样证明了罗列差异并不能形成论点。

案例 1　病情预断

斯蒂芬在与塔尼亚·斯蒂弗斯（Tanya Stivers）合作撰写文章时，决定如实记录分析展开的过程，以便我们用到本书中。这样深入的视角不但描述了聚焦编码的过程，也表明一开始糟糕的想法怎样转化为更好的想法。请看我们走过的弯路和死胡同等。

塔尼亚和斯蒂芬当时正在处理就诊过程中儿童神经科医生与患儿和家长的 149 段视频（因为塔尼亚喜欢用视频手段进行会话分析）和观察记录。项目的目标是捕捉到一个现象，以反映当今医患互动中典型的紧迫而重要的沟通，类似于大量文献中医生告知患者坏消息那样的例子。项目试图补充有关告知患者基因检测结果的已有研究，即对比告知基因检测结果和非基因检测结果。但在儿童神经科就诊中，医生要么不会告知检查结果，要么就算告知也没有那么明显。于是他们放弃了这个想法，希望寻找另外的方式，使这些有趣的观察结果能够物尽其用。

他们参加完一个社会学会议，返程时在经济舱座位上坐了5个小时。基于对这些片段的阅读和反复观看视频的无数个小时，他们在飞机上列出了可能的主题清单。其中一个比较有研究潜力的主题，是一个很显眼却依然含糊的现象：尽管治愈癫痫的希望似乎很渺茫，但有越来越多的孩子在接受医学治疗。患者可能还是有一丝希望能够有所改善，但医生要帮助家长和患者对于这些患儿可能会终身患病做好准备。他们需要一个词来描述这种状况，但是想到的东西听起来都是主观的判断。不过，他们决定将这种状况称为**不能根治**（unfixable）（我们知道，这个词还是主观判断，先这样吧），暂定使用这个概念，因为它反映了社会学意义上的一个过程。

引起他们注意的不是一个特别引人注目的观察结果，而是感觉到这些就诊记录表明一个重要的转变正在发生：患者（和他们的父母）逐渐获知，就算得到最好的治疗，癫痫发作依然有可能无法控制，可能会对他们的生活产生巨大的影响。记录反映的，是从一个可能会被治愈的患者，到一个可能会落下长期残疾的人的转折。他们在没有系统审视所有的观察结果之前，就选择了聚焦编码确定的初步**焦点**。从这里开始，编码过程的目标就是完善这个主题。

在确定从可能治愈到无法根治的转折是一个值得深挖的可

能主题之后，塔尼亚和斯蒂芬开展了两个方面的工作：他们列出了一个与可根治（fixability）相关的阅读清单，例如治疗进展、应对这类患者的专业能力、沟通挑战等。这个阅读清单表明，这种到长期疾病的转折在文献中关注得不多，不过可能会成为一个有价值的主题，因为这个主题与健康状况变化的可能、预测和接受健康状况的变化（例如传记中断）等文献都有关联。这个阅读清单提出了一系列问题，谁决定一个患者是不是无法根治，决定某类患者是不是能归于这个类属，例如绝症患者或患有先天性、永久性残疾的患者。要在分析中进行这些区分，需要更好地把握神经学观察结果到底说明了什么。

为了推动分析，他们选择了 20 份记录作为样本，仔细阅读以寻找能够将患者的状态确定为可根治 / 可治愈 / 可治疗的任何指标，下面是他们得到的结果：

家长们问这些，意味着**可根治**：

长大就好了？

会好的：不会再有癫痫发作。

能停药？

癫痫发作（或其他表现）会停止的。

医生们提到这些，意味着**可根治**：

做出这种状况会消失或不会消失的预断；

未来能够停止治疗的立场；

根治性手术；

能够停止癫痫发作（或其他症状）的药物治疗；

没有癫痫发作的时长。

家长和医生这样做，意味着**不能根治**：

关注支持性群体，更好地认识这种状况；

提到相关知识中积极的一面；

关注支持性设备和疗法；

将有关治疗的讨论局限在控制难以应付的行为或疼痛；

试图减少癫痫发作的次数或降低癫痫发作的严重程度。

通读神经科医生和父母的对话，发现其中包含有关儿童当前健康状况是否可以根治的线索，然而这些线索会非常含糊地隐藏在诊断或治疗建议中。医生很少就患儿的未来明确表态。相反，他们会旁敲侧击不动声色地表述癫痫发作会导致怎样的未来。而家长们也很少直接会问等着自己孩子的是怎样的未来。

塔尼亚和斯蒂芬发现了清晰的模式。看起来诊室中的患者会有不同的**轨迹**（trajectory），这是来自文献的一个有用的线索。社会科学家用轨迹这个概念来指代行动的过程，或是用于更加严谨的理论表述。例如，安塞尔姆·施特劳斯认为轨迹是其社会行动理论的核心，认为轨迹既是一个现象随着时间而经历的过程，也是促成现象这样演变的行动和互动。他也指出可以进一步分析轨迹，其中包括不同的阶段，有关这个过程应该是什么样的整体预测，以及塑造互动的计划或有意识的设计。施特劳斯用**轨迹管理**（trajectory management）这个概念来指代人们怎样塑造轨迹的过程（Strauss，1993）。

看起来大有希望。这时塔尼亚和斯蒂芬可以去寻找一个指标案例，但他们已经知道，自己想把样本进一步分成不同的轨迹。为每一个轨迹寻找一个指标案例会更有意义。他们决定，根据医生和家长面对可根治问题的方式对 149 份记录进行分组。他们发现，有 132 次就诊是关于癫痫的（其他都是关于其他神经疾病），其中又有 108 次就诊中医生和家长们谈到了未来。在分类进行到大约一半时（已经花费了几周时间来浏览这些记录），他们构建起 3 个轨迹类属：

a. 在最理想的情况下，患儿的癫痫可能能够根治，但是还有一定的不确定性，因为儿童和家长还没有完全摆脱危险。

b. 在比较严重的情况下，患儿的癫痫可能能够控制，但是不能完全根治。儿童可能需要长期用药，或是癫痫可能会意外复发。

c. 在最为严重的情况下，患儿的癫痫可能无法根治；不清楚能否自然治愈，或用药是否有效。

在 33 个案例中，医生们表示未来**可能能够根治**；在 24 个案例中，家长和医生都表示未来**也许能够根治**。还有 12 个案例中，对话表明癫痫会越来越难控制，他们将这个轨迹称为**可能不能根治**：这也是当初激发他们研究兴趣的类属。

这样，他们就有了宽泛的主题，以此能够对轨迹加以区分。接下来要做的，是在每一组轨迹中寻找相似之处。他们打印出三个轨迹中医生指出患者状况的那部分记录，仔细阅读以从中寻找共性。这时候就出现了**指标案例**。他们想找一个能够最好地反映每个轨迹的案例：不一定是模态案例或理想的典型案例，但应该是一个能够凸显这个轨迹的主要分析维度的案例。这个案例应该特别能够体现并代表每个轨迹的分析范围，能够使塔尼亚和斯蒂芬向读者呈现并希望读者能够立即领会它的意义。

就所患疾病可能会演化为无法根治的这组患者而言，指标案例是与一位塔尼亚和斯蒂芬称为吉娜（Gina）的患者的互动，因为这位患者到神经科医生那里的就诊过程中包括涉及她未来的大量（几乎没有防备）讨论，这种讨论能够反映到无法根治的转折的大多数主要分析维度。她的母亲说西班牙语和英语，但她的父亲主要说西班牙语。吉娜就诊时大约 10 个月大，从新生儿时期就患有难以控制的癫痫发作，她当时正在服用三种药。神经科医生怀疑是遗传因素导致了癫痫发作，就诊时他说患儿的 PCTH19 基因中有一个 X 连锁突变，与女童的“严重的癫痫发作”有关。这位神经科医生解释道，这一发现会导致“难以控制的那种癫痫发作，许多都见于低龄女童”。他说：“**我希望**是以后，以后我们能逐渐减少她的用药。”

他建议这个家庭："我得告诉你，走一步算一步，这个基因是很多癫痫发作的原因，所以**有可能**，**有可能**我们减少用药的话，能把癫痫发作控制得非常好。这是有可能的，但是**还有一种可能性**，你知道的，就是癫痫会复发。我们必须要小心这一点。你知道吧？特别是我们正在减少用药。我真的想确保她不要癫痫发作……你知道的，大脑，身体，你知道的，我想给她最好的发育机会。我们想要控制癫痫发作，这样她就能**正常发育**。"

当吉娜的母亲问她是否会终身患有癫痫时，这位神经科医生回答说情况各不相同，但是患有严重癫痫发作的女孩会有发育问题，而癫痫发作次数比较少的女孩认知能力会比较好。他看了看药物清单，说他希望减少用药，因为吃太多药也不好，说："如果她恢复得好，可以不吃托吡酯（Topomax）。"吉娜的母亲接过这个条件句："如果她恢复得好。"神经科医生表示赞同："不过我觉得，说如果还为时过早。"

对比一下这个案例和"可能能够根治"那个类属中的指标案例。那个案例中是一个在罗马尼亚（Romania）度假时癫痫发作的患儿。神经科医生认为癫痫的发作是由于旅行的劳累和可能出现的睡眠问题（睡眠障碍）："不过我得重申，虽然我们在脑电图（EEG）上没有发现任何问题，确实让我放心了一点，有点让我更倾向于睡眠障碍。我觉得睡眠障碍可能性更大。如果是因为睡眠障碍，可能还会再发作几次，不过一般长大就好了。

如果是癫痫发作，是局灶性癫痫发作，不是良性罗兰多癫痫（Rolandic）的话，我觉得会复发。”他补充说：“我觉得如果还会继续发作的话，你可能需要再做一次脑电图。”不过他强调：“可能只不过是……你可能会再发作一两次，然后就不会再发作了。”母亲表示同意：“是啊，这次和前一次之间隔了3个月，他没事。白天从来不会发作。”

你很容易能看出二者的区别。在吉娜的案例中，神经科医生是试探性的，提出了实现不太高的目标的可能性（减少或停止使用某些药物），强调了更好地控制癫痫发作的必要性，将癫痫发作归结为基因，暗示会导致认知能力下降。而在第二个案例中，医生则更多是在宽慰。可能还会有一两次癫痫发作，但可能是由于改变环境条件触发的。

不过，通过反复思考指标案例，也会发现一种可能的**替代诠释**（alternative explanation），能够解释观察结果之间的差异。也许可根治性反映的是癫痫在生物学上的严重程度，而医生们与患儿及其父母讨论的未来则是对临床指标的直接解读。于是，这个研究项目的**社会学**意义就有局限，因为观察结果不过是反映了完全由癫痫的种类、频次和性质所决定的不同脚本。虽然这也很重要，也值得记录下来，但如果医生的评估只是反映了生物学上的症状，那么意外发现又从何而来？无论癫痫严重程度如何，癫痫患者的未来都有一定程度的不确定性，就会更加出人意料。于是，父母和医生就必须协商还能做些什么。我们后面再回来讨论这个可能的替代诠释。

塔尼亚和斯蒂芬查看了每个根治性轨迹上的数据，找到了一个讨论，这个讨论涉及他们最终所指的**治疗目标**、**实现目标的时间**以及**能够实现目标的确定性**。也就是说，每个轨迹都可以设定不同的目标：**能够根治疾病轨迹**的目标是停止用药、停止癫痫发作；**可能能够根治疾病轨迹**的目标是在持续用药的情况下停止癫痫发作；**也许不能根治疾病轨迹**的目标是通过各种药物减少癫痫发作的频次和严重程度。一个患者能够根治的可能性越大，实现目标的时间线就越精确，能够实现目标的不确定性也就越低。在所有记录中，医生们都没有明确陈述患者在多大程度上可根治，家长们也都没有直接发问。然而这些就诊记录中到处都是线索，能够表明癫痫患儿可能会有的未来。病情预断是通过隐晦的方式表达的，正是这种隐晦使家长和医生在这些略有区别而又可能相互转化的目标背后团结一致。通过在聚焦编码时仔细剖析观察结果，就能领会到这样的意外发现。

这最终成为塔尼亚和斯蒂芬分析的主要主题：癫痫患儿的三种不同轨迹，说明了他们的癫痫是可能得到根治，还是在可预见的未来依然会发作。在就诊期间，医生和家长会提到有关目标、时间和不确定性的线索。这些轨迹的确只能有限地反映癫痫发作的严重程度（替代诠释认为，问诊反映的只是患者生物学上的症状），然而诊断是不确定的。例如，一个患者被诊断为朗道–克莱夫纳综合征（Landau-Kleffner syndrome），即一种以语言理解能力和言语表达能力丧失以及癫痫发作为特征的障碍性疾病。然而，诊断为这种疾病的患儿会有非常不同的临床表现。比如大约 70% 会有不同程度的癫痫发作。因此，即使确诊了严重的疾病，家长和医生还是需要描绘出这个患儿特有的未来轨迹。

	可能能够根治轨迹	不能根治轨迹
目标	预期是随着患儿长大，会停止癫痫发作："癫痫发作会消失的。"	"我们想要控制癫痫，这样她就能正常发育"；也许在未来可以减少其中一种药物的用量。
时间和不确定性	实现目标有明确的时间点，以及很少的不确定性。"不过我得重申，虽然我们在脑电图（EEG）上没有发现任何问题，确实让我放心了一点，有点让我更倾向于睡眠障碍。我觉得睡眠障碍可能性更大。如果是因为睡眠障碍，可能还会再发作几次，不过一般长大就好了。如果是癫痫发作，是局灶性癫痫发作，不是良性罗兰多癫痫（Rolandic），我觉得会复发。"	含糊，不具体，有条件："不过我觉得，说如果还为时过早……"

还有两个问题需要解决。首先，塔尼亚和斯蒂芬描述了每一组内部的差异，其次，他们完善了文献回顾，以强调这篇文章的贡献，并提出了更多的分析维度。

他们同时推进这两项任务。他们回到三组轨迹，分析了指标案例中讨论目标、时间和不确定性的所有不同方式，并与本组中的其他案例进行对比。研究过程的这一部分与上一章中讲到的有指引地开放编码相似，所以我们这里就不再赘述细节。

接着，从启动这项研究所依托的有关轨迹和疾病经历的文献来看，他们知道社会学家已经仔细研究过**诊断**的过程，知道接受诊断结果在个体和制度层面的后续影响。然而，有关医疗**预断**的文献不仅数量更加有限，也更加聚焦对生命终结的预断。由于制度会激励为预期寿命少于六个月的患者提供临终关怀，我们得以充分了解有关生命终结的预断。身为医生的社会学家尼古拉斯·克里斯塔基斯（Nicholas Christakis）是这方面研究的先驱，他研究了医生如何告知患者他们已经进入临终状态（Christakis，1999）。阅读社会学文章数据库，发现这方面的研究一直停滞不前。许多学者都提到了预断，不过只是作为患者要面对的东西，很少深入探讨暗示未来状况的互动过程，或概念化预断对人们以及对临床管理的影响。这一点在意料之外，因为对患者来说，如果疾病会影响他们的未来，中断了他们的人生传记，实在是生死攸关。预断对患有长期疾病的患者很重要，因为疾病对他们人生传记的影响会有所不同。

尽管有《患者自决法案》(Patient Self-Determination Act)和美国医保(Midicare)临终关怀报销等激励措施，但就连进入临终状态的预断也大多是间接给出的，而且很大程度上会往好了说。后面这一点很重要：在神经科医生和家长的对话中，也同样会往好了说。这表明，不直接给出预断的线索，背后的原因之一是维持医生和家长之间的有效关系，特别是当患儿的未来将愈加不乐观时，就更是如此。家长和患儿能够逐渐为应对患有癫痫的人生做好准备，同时也有一些线索仍然在强调改善的希望。

在构建预断的某些维度时，塔尼亚和斯蒂芬参考了安·米舍(Ann Mische)有关预测和可能性的文章(Mische，2009)。米舍提出了一套概念工具，用于研究在不断发展的情境中对未来的预测怎样变成现实。即使人们只能基于部分或不完整的信息采取行动，他们对自己行动后果的认识也仍然可能是一种自我实现的预言(这也是克里斯塔基斯有关预断研究的一个重要主题)。她引用亨利·德罗什(Henri Desroche)的名言"希望是上帝手中的绳子"，会造就一个不确定的、变化的未来，暗示通过预测未来可能能够让你逃离当下(Mische，2009：694)。为了帮助分析人们能用的不同的绳子，米舍列出了未来预测的一些特征：范围(关注短期、中期还是长期的未来)、广度(未来有多少可能性)、想象中未来的清晰程度、可能程度(未来是固定的、灵活的、不确定的，还是依赖于不可知的条件)、延展性

（想象的未来是扩大的还是收缩的）、自决程度（人在多大程度上控制自己的未来）、社会性（未来谁会紧密联系或受到牵连）、联结度（不同人之间建立联系的逻辑）和类型（乌托邦式、工具性、实用主义、对抗性）。

从这个清单中，我们一眼就能看到范围、广度、清晰程度、可能程度、延展性和自决程度与癫痫预断轨迹的研究相关。事实上，可以把家长和医生面临的整个困境视为一个延展性问题：他们想象孩子们的未来是会扩大还是会收缩，为了确定患儿的状况是会改善还是会恶化，我们可以关注清晰程度：未来的指征有多大把握？于是，一组有趣的前哨性观察结果就值得分析：那些好像已经控制住癫痫发作的儿童，有时也会复发。问题在于，这种出人意料的癫痫发作是能够用异常条件解释的短暂挫折，还是意味着完全不同的未来的转折点？

那么，这项研究的贡献就在于揭示了有关长期疾病的预断是怎样做出的，医生们传递的线索既给予希望，又避免处于不利轨迹的人抱有不切实际的期待。他们的分析开辟了一个全新的研究方向，不仅在医学社会学领域如此，在任何关于未来的想象至关重要的领域都是如此。他们的分析也与有关潜在可能性、预测和预断的越来越多的文献进行了对话。

案例 2　广告业的经理和公益

斯蒂芬与塔尼亚的合作研究呈现了一个相对顺利的聚焦编码过程。虽然最初的理论化和最终的文章之间的差距反映了聚焦编码中分析范围的变化，不过分析并没有太过偏离最初的直觉：就算避重就轻的预断，也具有高度的相关性。预断是来之不易的专业知识的标志，研究者了解这个子领域中实质性地图式理论的具体细节，所以对自己田野笔记中值得关注的东西的感觉越发准确。或许更重要的是，这是一个由两位花费数十年时间研究医患互动和医疗领域的研究者合作完成的案例。他们不仅了解理论，也对经验案例中发生的一切有强烈的感受。

不过有些案例却没这么顺利。我们大多数都不是自己的子领域中顶尖的研究者，大多数也没有研究某个领域足够长的时间。所以，在大多数案例中，我们以为自己能找到的，和我们在田野中确实找到的，二者的差距要大得多。为了补充斯蒂芬的案例，接下来我们将呈现伊多和两名一开始是学生、后来成为同事的研究者一起开展的访谈研究项目的一部分。这个研究项目表明，在项目周期内，作为差异的重心的指标案例发生了怎样的变化，理论观点又怎样随着这样的变化而更加清晰。虽然研究过程是连续的，不过我们下面将其分为两个阶段。

阶段 1　主题开始出现，不过一开始就选错了

当伊多对纽约一家广告公司进行民族志研究时，整个研究项目的启动显得有些偶然。在开展田野工作几个月后，伊多发现这家公司为非营利组织做了大量的公益项目。这些项目涉及的内容包括提供清洁用水的人道主义工作、提升对帕金森病的认识等。当他向这家公司的广告专业人员提及这种工作时，发现自己并不是偶然遇到了行业中的异类：大多数成功的公司都会开展类似的公益工作。这是一个门外汉眼中的意外发现——在一个以愤世嫉俗而闻名的行业中，人们投入了大量的时间来做“好事”。

这个因无知而有了发现的时刻，引出了一个有趣的谜题。伊多在与这家公司的人交流时，总是被人们谈论公益时表现出的矛盾而震惊。公益的字面翻译是“为了公共利益”（pro bono publico），人们将其视为道德困境的解决方案。一位广告专业人员描述了一种共同的感受，即公益工作缓和了把一个人的创造力花在说服人们买这个品牌而不是那个品牌的牙膏上的“生存焦虑”。然而在同一次访谈中，广告专业人员也谈到这种工作是一种开展有意义的**创造性**工作的方式，也是一种获得同行认可、推动职业发展的方式。公益广告常常会获得广告界的奖项，这些奖项对于加薪和在企业中升职都至关重要。那么，广告专业人员怎样处理这些不同的、可能还相互冲突的“好处”的观念呢？

这个问题在经验和理论上都很有趣。伊多一直对文化的社会学很感兴趣。他对**剧目理论**（repertoire theory）尤其感兴趣，这个理论分支认为，审视人们怎样出于实用主义目的而调动不同的文化比喻或意义（而不是把它们归为统一的“文化”）至关重要。在他当时讲授的一门文化的社会学课程中，有个法国的研究流派关注人们怎样获得意义的不同“制度”（regime），这些不同的制度都是可用的，但看起来与它们怎样概念化不同的价值观念毫无关系。他看似是在广告世界中发现了一个案例，能够反映这些不同的“好处”相互竞争的一致性和冲突性。显然，这个田野地点能够通过与各种不同的好处进行对比来审视道德上的好处，从而反映有关什么才是**好项目**的不同的基本假设。也许最吸引人的，是这个广告公司以有形的物质和职业发展来决定这些好处的取舍。

考虑到公益工作只是这家公司产品中很小的一部分（2% 到 5%），伊多意识到参与者观察不是理解这个现象的正确方法。人们只会时不时地做公益工作，通常是在办公室之外。公司也没有组建专门的“公益团队”。由于没有肯定能够观察到的一群人，民族志方法就会受到限制。如果伊多想更全面地了解广告业怎样开展公益工作，就需要与更多的人交谈。于是，一种他最初没有计划到的拆分式（spinoff）访谈研究开始成形。伊多找了两名研究生索尼娅·普雷拉和雪莉·罗恩（Shelly Ronen），她们接受了他的邀请，加入了他的项目。[1] 他们三个人访谈了纽约成功的广告公司中 73 位广告专业人员，虽然只占广告业很小的比例，但考虑到他们的区位、规模和客户，这个样本能够代表重要性与数量不成正比的那些广告公司。

尽管研究团队最感兴趣的是广告业中需要权衡不同好处的普通员工，也就是他们所指的“广告专业人员”，他们也访谈了一些 CEO 和高管。他们不仅想知道管理者与一线专业人员对公益的不同看法，也想知道他们怎样决定接哪个公益项目。另外，他们发现许多有经验的广告专业人员担任中层管理职位。在 73 个访谈中，有 18 个是高管，23 个担任中层管理职位，这足以让他们分析管理经验水平的差异。

研究团队从组织研究的文献出发，希望通过访谈来发现广告管理者怎样影响广告项目。这样一个研究项目的学术基础是管理者雇佣“正确”的人来权衡公司的不同优先事项（Battilana and Dorado，2010），他们可以参考大量有关管理者价值观影响企业社会责任项目的文献。另外，有关企业社会责任的文献强调，这种公益投入应该是企业的底线。至少从整体来看，在大多数情况下，企业社会责任不过是实现企业利益最大化的虚伪说辞。

1　索尼娅当时正在成长为一名访谈方法专家，她在有关阿根廷小企业家的研究中，对人们如何看待价值问题感兴趣；雪莉开展过访谈研究和民族志田野工作，她着迷的是有关人们怎样看待自己工作价值的理论研究，尤其是污名化的行业中的人怎样看待自己工作的价值。

这种强调利益最大化的理论预期，帮助研究找到了最初的指标案例。在访谈世界上最大、最知名的全球广告公司的北美CEO时，出现了一个令人震惊又“引人注目”的时刻。在问到他什么情况下会拒绝一个公益项目时，这也是访谈提纲明确设计为了获取“负面案例”的部分，这位CEO回答道：

> 许多非常有价值的非营利项目，实际上可能跟我们一些客户的利益相悖。所以我们得考虑这一点。例如，如果我们跟一个［大型石油公司］合作，这是我们一个相当好的客户，从企业的角度来看，他们也做了很多杰出的工作。可是如果我们公司打算跟类似绿色和平（Greenpeace）这样的机构合作一个纯公益的项目。你知道的，绿色和平总是在批评［大型石油公司］。我们不能让自己的公司去做那种抨击［石油公司］的广告，那我们就是疯了。我们肯定不能那么做。［大型石油公司］帮助我们保住饭碗，在行业中保持竞争力。有时候你必须得聪明点儿，确保客户的利益是第一位的，所以我们必须远离那种在某些议题或政策上有立场的公益项目，不管是议题、政策还是政治，都不行。

这个发现既有政治色彩，也有理论启示，符合有关组织研究的文献的预测。认为CEO们控制着公益项目，过滤掉他们所认为的“政治”项目，这种说法在一个“福利资本主义”让企业实体来负责做好事的时代显得十分重要。有趣之处不在于决定**是否**接公益项目，而是选择接**哪些**公益项目。这位高管担心公开的政治运动会与现有的客户产生冲突，所以，选择没有政治色彩的、安全的项目。

于是，这段摘录就成为一个不错的指标案例，围绕这个案例能够分析管理者们回应的差异。从这个点入手，研究团队重新阅读了所有对管理者的访谈，从中寻找相似的案例，即排除特定类型的公益项目来让客户满意，同时避免公开的政治诉求。但在审视这些访谈的差异时，他们发现这样的说法很罕见。还有两位 CEO 也反对公开的政治行动，其他人则不然。事实上，在仔细阅读访谈记录之后，发现这三位担心政治化的 CEO 是样本中仅有的采取保守政治立场的高管。所以，相比认为这是 CEO 们通常会采取的一种策略，一个替代诠释看起来更加合理，即这是保守的 CEO 们在一个自由主义主导的行业中管理公益项目选择的一种方式。更具启示意义的是，研究者们认识到许多 CEO 和中层管理者对自己接受的公益项目的政治性持积极态度。虽然这三位 CEO 依然是有趣的案例，但最初设定的指标案例越来越成为一个异常值——它是一个有趣的变体，但不是理论或实证的核心所在。

随着他们反复阅读管理层的访谈，并与其他广告专业人员的访谈进行对比，其他方面的不同也变得更加明显。除了回避或迎合企业社会责任中的政治元素，高管和中层管理人员都需要解决平常的组织挑战。管理者们将公益项目说成是公司人力资源的训练基地，是一种获取经验的安全方式，因为就算失败也不会损失收入。他们会仔细权衡公益项目会占用多少为客户服务的带薪工作量，试图将公益项目作为公司招聘和留住人才的手段，甚至提到用公益项目作为管理企业品牌的方式之一。上面那个失败的指标案例，使研究团队认识到管理者选择投入哪个公益活动的重要性。

虽然政治化不能作为一个实质性的理论推论，却提出了一个卓有成效的问题。差异揭示的常常不是事物存在区别的一个范围，而是几个有趣的维度。通过描述出现在管理者访谈中却未出现在专业人员访谈中的话题的差异，得到了如图 1 所示的发现。受阿黛尔·克拉克对话题进行图式分析（Clarke，Friese and Washburn，2018）的启发，他们通过呈现这些差异，首先概述了数据中共同主题的不同类型。这些主题围绕一个实质性问题展开：高层和中层管理者决定接受哪些项目的不同方式。不过，差异不是**理论上**的，（差异本身）也并不有趣。研究者试图搞清楚的是一系列策略，而不是一个分析叙事。不过，还是能帮助他们回过头去审视研究中更宏大的主题，从理论上来思考差异。

用公益项目来留人

用公益项目来进行
“安全的”培训

用公益项目来招人

避免公益项目中的
政治问题

用公益项目来践行企业
社会责任

用公益项目来提升新型
企业品牌

工作量问题：测算公益项目
需要多少时间，与付费客户
的项目相权衡

图 1

阶段 2　构建分析主题

项目的研究任务是审视对不同的“好处”的看法之间的张力。广告专业人员在访谈中提到了道德、创造力以及奖项带来的认可和职业发展。另外，通过聚焦管理者接受哪些公益项目、拒绝哪些公益项目的决定，研究团队有了一个分析方向：是管理者决定了公益项目的去向。这些管理者的行动会怎样影响广告专业人员权衡不同好处的方式？

研究团队回到管理者的访谈上，进一步梳理其中的差异。文献倾向于将不同位置的行动者的视角描述得全是冲突：员工以这种方式看世界，管理者以那种方式看世界。但如果推动研究的问题是企业中不同的利益相关者在实际中怎样协调不同的好处，那么管理者挑选可能的公益项目的某些方式，就具有了新的理论意义。因为将某些项目置于其他项目之前，能够揭示他们权衡不同好处的方式。基于这个概念地图，研究团队开始更加仔细地审视公司通过开展公益项目来“留人”和“招人”这两个主题，即管理者认为他们在审慎地选择公益项目时需要考虑的两个主题。

通过梳理这些访谈，研究者们为管理者谈论的设想怎样招人和留人的方式感到震惊。一家公司的管理合伙人用下面的方式解释道：

> 说到广告业的时候，我真的不知道他们能怎么办。对有的人来说，我们就是这个行业里的那家公司。你知道的……真的相信自己的使命，相信改变世界，相信过着更高尚的生活……你知道那种人。他们大概二十几岁，住在布鲁克林，他们是嬉皮士，骑自行车，吃素。你见过这种人，对吧？……如果他们离开的话，他们的生活就会分裂。他们会在一家大公司做自由职业者，卖没有人关心的东西。这样他们就能有自己的私人生活。但是［这家公司］我们会给他们机会过表里如一的生活，他们还能继续是原来那个人，起码很大程度上还是原来那个人。没有什么是完美的，但他们可以在这里上班，同时按照自己定义的工作和家庭的道德准则去生活。这一点与众不同。

与最初的那个指标案例相比，这个访谈是一个不同类型的异常值。它来自（37 家公司中）少数几家很自豪地认为“高尚事业”是公司业务中很重要的部分（占比 20% 到 30%，而不是通常的 2% 到 5%）的公司中某一家的一位执行官。

指标案例不一定是数据中的“一般案例”。当然有可能用每个类属中的一种理想类型作为指标案例，塔尼亚和斯蒂芬在他们的研究中就是这么做的，不过选择指标案例时还有其他因素：让指标案例成为指标案例的，是它提出的理论观点能够解释其他摘录，让我们能够找到有研究前景的分析性编码线索。在这个例子中，这段访谈之所以在分析上引人入胜，是因为受访者比其他管理者更加愤世嫉俗。相对而言，他对自己公司的道德品行更加自信，所以能够极其明确地陈述自己的道德计算。这家公司让员工在每天的工作中都能践行自己的道德使命，从而将理想和现实工作融为一体。这位管理者通过接受特定的公益项目，解决了**他的雇员**的道德困境。这样的方式解决了人与人之间的不同所导致的张力，还使他的雇员（特别是住在布鲁克林、骑自行车、吃素的嬉皮士）觉得自己是在做好事。

从这个分析视角来审视更多的数据，研究者们发现，许多管理者都明确谈到会权衡一个特定的公益项目是不是能够从道德上给予他们的员工更多的激励。他们需要员工投入到项目中，部分原因是需要他们在夜晚和周末无偿加班，所以，大多数管理者都会试探员工的热情程度：

> 每个人都有自己的热情，每个人都有自己的兴趣，[所以]我们必须学着去……这不仅仅是我作为这家公司的CEO想做什么，因为每个人都有无意识的偏见。我们学会了根据整个管理团队的投入来考虑事情。所以我想要的可能跟其他人不同。我们能不能点燃大家的热情？……这样，如果有真的值得做的事情找到我们，说“嗨，我们想让你们来帮我们”，而我已经在办公室里转过，跟大家聊过，可是不能调动大家的热情，我只能遗憾地回去说：“你看，我只能祝你好运，但我不能把我们的创造力投入在你的伟大事业上。”

收集了管理者征求员工意见的不同案例，当然也发现了几个没有征求员工意见的负面案例，研究者们有信心认为自己的研究方向是正确的。于是他们再次回到了数据。如果管理者调动员工的道德承诺来做公益项目是出于自己的理由，是否也会调动员工们想要的其他好处，即对创造性的认可和奖励？

> 在[这家企业]，公益项目绝对[证明]是一种有趣的调节。特别是当你有很多项目要做——你就是有好多项目要做。IBM有一整层楼[都在做这个项目]。你在那个领域工作两年或三年。所以，有这个小小的调节，就像今年，有一个月不用卖服务器，你可以去思考美国红

十字会，甚至是翠贝卡电影节（Tribeca Film Festival），或者其他类似的东西。这就是很有吸引力，因为突然你就会想，“噢我的天呐，我这段时间都不用考虑尿布了，也许可以做这个好玩的项目。”

或者更宏观的说法：

我觉得，对于一家大公司来说，这绝对是让大家保持激情，觉得自己正在尝试新的职责的一种方式。有时非营利组织会更多地肯定你的创造性，有时会创造性地承担比大型《财富》（*Fortune*）100 强公司更多的风险。

在这些摘录中（以及其他许多摘录中），管理者采取积极的措施提供富有挑战的创造性工作，作为对常规项目工作的补偿。这些常规项目工作要么无聊，要么只是因为例行公事而变得无趣。公益项目不仅需要道德上的激情，还得具有“巨大的创造性”的潜力，才能让公司里的人才既开心又感兴趣，这对一个员工年度离职率在 30% 的行业尤其重要。

中层管理者和 CEO 都不约而同地谈到了创造性和道德感，他们会接受能够激发道德热情，让员工去做有吸引力的工作的项目。管理者对公益项目在组织中的作用有自己的理解，即解决管理问题的工具，不过也为公司的广告专业人员谋划了这样的体验。除了图 1 中列出的那些主题，伊多、索尼娅和雪莉突然找到了一个分析主题，能够覆盖数据中的几个实质性主题，并最终成为书中的一个主要章节——**管理者的谋划工作怎样提升广告专业人员成功协调不同好处的能力**。（Tavory，Prelat and Ronen，2022）

此外，想清楚这一点之后，研究团队能够开始审视其他的访谈摘录。许多管理者都详细谈论了他们怎样努力提高公司和公益客户的沟通效率，以确保项目效率，不要过多地花费时间。例如，管理者喜欢有明确决策流程的公益组织，因为这种组织中可能使他们的雇员陷入困境的相互猜疑和内部政治会少得多。广告专业人员也谈到，为这些客户工作的乐趣是他们享受公益项目工作的原因之一。

在组织这个新论点时，与研究团队此前确定的一些话题也保留在图 2 中，表明正在形成一个经验和理论故事。在社会学和管理学文献中，有关行动者怎样权衡不同的好处已有大量的研究，而研究团队揭示了一个协调不同的好处以使工作得以运转的重要机制。通过聚焦管理者的**谋划工作**，他们发现这些好处成为组织生成的集体行动。为了理解广告专业人员怎样协调不同的好处，研究团队需要扩大研究视野，关注管理者怎样为这种协调设定了范围——他们已经在预测自己的雇员可能会面临的挑战。无论是谋划还是**预测**，都是理解实践中怎样发挥企业社会责任的关键。

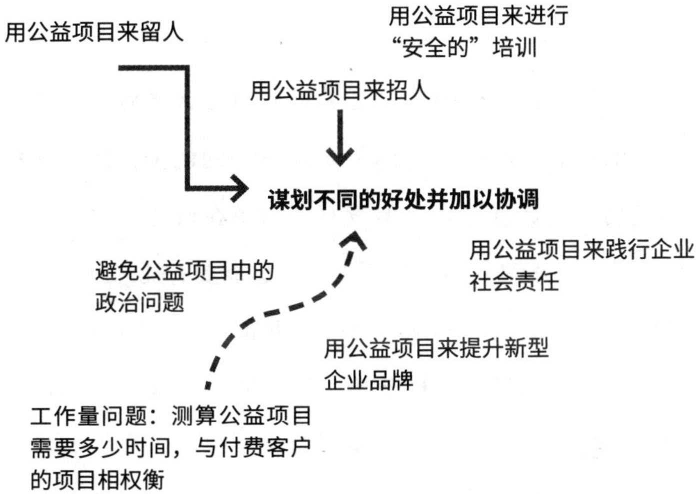

图 2

结　论

通过开放编码和聚焦编码来获得数据中的意外发现，为分析性论点奠定了经验基础。虽然不同研究者的编码方式会有不同，包括选择不同的指标案例，在不同的研究中会有自己的迭代推进节奏，但指标案例选择和聚焦编码之间的递归关系仍有一定的共性，支撑了所有的溯因社会科学。本章的最后，我们强调开展溯因分析的两个要点。

初始工作

你不需要等到完全确定自己最后要写什么之后，才开始处理研究中的差异。我们举的两个聚焦编码的例子，都是在数据收集的最后讨论数据分析，但没有理由不在研究项目的初期就启动聚焦编码。不过，为了分析差异，你需要有几个与同一个指标案例相关的数据点。如果没有的话，可能选择开放编码会更好。

从一个令人惊讶的发现开始，研究者可以选择一个指标案例，但不必完全依赖它，而是要围绕它来寻找差异。通过分析这些差异，有助于你从两个方面评估自己使用数据的方式。首先，**你是在挑选最显眼的观察结果吗**？有的东西令人震惊或出人意料，并不意味着分析上的重要性。在广告业的例子中，看起来好像可以用那些与政治无关的公益项目的摘录来批评“关怀资本主义”（caring capitalism），说明将做好事的责任转移到私营企业是在去政治化。但如果仔细查看所有的访谈，就会发现这是一种扭曲的诠释。

其次，**什么才是主题差异**？在质性研究中，差异主要不在于观察结果数量曲线上的数字。在大多数情况下，研究者会遇到与指标案例相关的不同过程或叙事模式。一个常见的问题会有不同的答案；一个相同的困境会有不同的解决方案。从不同的概念维度来分析差异，避免局限于狭窄的研究范围，对超越指标案例而言至关重要。因此，在上面的例子中，虽然研究者确实需要知道管理者的访谈中体现了**多大程度**的去政治化，但关键的步骤是分析管理者视角下**哪种**结果才是好的公益项目的质性差异。

从实质性主题到分析性主题

即使在分析差异时，终极目标从来都是界定并阐述一个分析性论点。**差异本身没有分析价值**。罗列一个过程发生的不同方式，或是不同人的不同叙事，看起来好像也是一种贡献，但并不是分析的目的，只是智识研究轨迹中的一个中间步骤。我们的工作不是编制清单。如果你的分析重点是“我们从访谈中确定了三个主题……”，那么你还有更多的工作要做。对话题进行分类本身，并不能成为一个论点。在上文神经医学研究中的分析性论点，是以暗示的方式来进行有关长期疾病的预断，医生们既传递了给予希望的线索，也避免处于不利轨迹的人抱有不切实际的希望。而广告项目案例中的论点，则涉及广告公司管理者在选择公益项目时协调不同组织目标的一致性。

分析性主题是指既能够与理论文献对话，又能够讲述一个独特的经验故事的主题。分析性主题也依然不是理论贡献，不过预示了可能做出怎样的理论贡献。分析性主题与实质性差异的聚合程度不同。如果二者完全互为镜像，那么有可能这个分析性主题不过是对实质性主题略带理论性的重新描述。我们已经说过，这将是一种糟糕的理论构建。

第 7 章

关于线索的线索

如果你只需要瞟一眼社会世界，就能立刻看到理论上的意外发现，在这个世界里，你所构建的理论地图和你折起来装在口袋里的地图之间的差异显而易见，我们当然会很高兴。但即使你勤奋地做研究设计准备、做笔记、做记录、进行开放和聚焦编码，也不一定总是能得偿所愿。相反，你常常需要像狩猎一样寻找可能的意外发现的线索。当你寻找线索时，具体是在找什么？由于意外发现是以理论预期为背景，这个问题没有唯一的正确答案。狩猎方式不同，生态区位不同，线索也就不同。

不过，我们能够指出我们认为能够生成理论的地方。从我们的学生和我们自己的经验来看，在某些区位意外发现会更常见。虽然理论化没有灵丹妙药，但是这些地点中有关于线索的线索，也就是表明可能出现理论意外发现的经验暗示。数据中的**张力**就是这样一个存在大量意外发现的水坑。我们正在考虑给这种张力一个临时的宽泛定义，即由于不同的力将行动者、机构和组织拉向不同的方向而产生的紧张状态。在质性研究中，这些相反的拉力可以表现为不同的形式：有人在不同的行动路线之间无从选择，或发现自己想要的那条路线遥不可及；调和相反的期望；妥协、证明或放弃自己的抱负；改变他们的目标，或者试图同时在不同的方向上取得进展。我们会在访谈记录和田野笔记中发现张力。其中我们的一些对话者会意识到某些张力，另一些则不然。有的张力出现在人们的叙事中，有的张力则通过不同个体的视角才能体现。

这并不是说理论意外发现只会出现在张力最大的地方。也许正是那些彻底被视为理所当然的、完全不起眼的东西，最后却有最多的理论产出（Zerubavel，2018）。不过出现张力的时刻常常能提醒你，关注社会世界中你还没有足够思考的那些方面。这种时刻非常有用，表明了隐藏在社会世界结构中的复杂性。这也是要用到参与原则的另一个地方——关注你所研究的那些人解决的张力，有助于你更好地描绘社会世界中正在发生什么。因此，让你这样的研究者感到意外的，和社会世界中的张力常常不是同一个东西，不过如果你要寻找的是理论灵感，从关注张力、错配和差错入手，会是个不错的开始。

我们的假设，即我们认为没有争议的基本理论假设，是不存在无缝统一的同质社会世界。事实上，社会世界这个词用的是复数，本身就表明了存在张力的可能性。人类学家、理论家玛丽·道格拉斯有关幽默的结构的著作敏锐地捕捉到了这一点。幽默从形式上看是一种表演，以戏谑的方式表现悬而未决的张力。道格拉斯认为，幽默之所以存在，只是因为社会世界充满了张力。用她的话来说:“如果社会结构中没有笑话，就不会有其他的笑话。”她写道，笑话“表现的是发生笑话的社会情境”（Douglas，1968：366）。

用一种不同的理论语言来说，社会生活充满了“社会学的矛盾心理”（sociological ambivalence）：产生对立和张力的情境嵌入在社会世界的结构中，其中的人被拉向不同的方向（Merton and Barber，1963）矛盾心理的产生，是由于与一系列身份地位有关相反的规范性期待，或者更严谨地说，与某个特定立场或社会地位相反的规范性期待。例如，拥有双重国籍的人可能会因参与哪个国籍/朋友群体而体验到不同期待之间的张力。斯通奎斯特（Stonequist）的游走在两种文化之间的“边缘人”理论（Stonequist，1937），休斯（Hughes）有关主要身份矛盾的著作（Hughes，1971），还有杜波依斯的“双重意识”概念，即黑人通过白人的眼睛来看待自己（Du Bois，1994），都是将张力作为分析的核心。

在《寻找门卫》（*Doormen*）的开头，彼得·比尔曼写道：“日常生活语法正是本书的关注焦点，也即，组织各种社会互动、形塑不同决策、驱动日常行为的那些并未言明的准则。本书的观点之一便是，看清社会语法的最佳途径就是关注社会互动中的各种紧张和矛盾；**当我们从多种不同角度（一般是跨越各种不同层面来）看待社会互动时，其中的紧张和矛盾就会凸**

显出来。”[1]（Bearman，2005：4）随后他列出了7种这样的矛盾，例如找一份门卫的工作好像是不可能的，又过于容易；大多数门卫觉得自己不是种族主义者，但会用不同的方式对待来访的黑人和其他少数族裔与白人访客；门卫声称他们是大楼安保的一部分，但没有一个门卫记得做过与安全有关的任何事。那本书的结构就是基于这些张力来展开的。

本章讨论的不仅仅是通过研究设计以有利于找到意外发现，也不仅仅是通过编码来梳理这些意外发现。我们关注的，是怎样以能够生成理论的方式来审视自己的数据。也就是说，怎样像一个经验理论家一样思考。[2]张力既包括轻微不和，也包括公开冲突，所以特别有助于启发你从自己的观察结果中梳理出意外发现。关注张力，还要求我们从关系的角度深刻思考自己的数据。一个东西要**与**其他东西相遇才能产生张力。在本章中，我们将采取逆序的方式，基于已公开发表的案例，来说明特定种类的张力怎样生成理论产出。

1　彼得 · 比尔曼：《寻找门卫：一个隐蔽的社交世界》，王佳鹏译，华东师范大学出版社，2022 年。——译者注

2　关注张力是关键所在，但关注张力当然不是唯一的路径。例如，我们也可以通过分析非预期后果（unintended consequences）提高理论能力来写一章。

集体行动中的不和谐

质性研究者遇到的最直接的张力，通常也是最能引起共鸣的张力，出现在集体行动中，即共同生活和做事的过程中。作为社会研究者，我们研究的是社会世界。也就是说，就算我们访谈的对象是个体，我们感兴趣的也通常不只是这些人的个人决定或态度的总和。相反，我们想知道的是，任何行动，甚至是自我，怎样部分地由意义和行动网络中的关系位置所决定。我们可能会用“场域”“运动”“聚集”或其他理论术语来思考这些更大的世界，每个术语都有自己的一套假设和理论脉络。你可以选择自己最喜欢的那个。无论倾向于哪个理论，你感兴趣的现象都由不同项目的重合之处以及创造性时刻所决定，在这样的创造性时刻的互动中出现了参与世界的新颖模式。

我们研究一个社会世界时的假设，是现象很少会表现为不同人之间的无缝统一。集体行动中的中断和张力，并不亚于谨慎的统一和共识（Tavory and Fine，2020）。的确，如道格拉斯所述，结构性笑话之所以是笑话，常常是因为从外部看来连贯的社会现实，结果被证明是持有不同立场的不同人之间相互交织的张力。从方法论上讲，这意味着我们可以回到质性研究者进入田野时通常会首先意识到的一个问题，即从外部看来是单一的，其实却是复杂的、充满张力的社会世界（Tavory，2019）。

当然，就像差异本身不能成为论点一样，证明世界是复杂的、充满张力的，并不是研究的终点。不过，却能成为解开研究谜题的第一个有用的线索。我们可以开始提问：谁会经历张力，谁不会？以什么方式？推动这些张力的社会力量是什么？这些问题可以使我们深入到社会世界的结构中去，纠正我们作为天真的局外人所持的某些假设。

请看下面的例子。

《一个令人担忧的拥抱》

有个研究项目能够体现聚焦集体行动中的张力的价值，安·斯威德勒（Ann Swidler）和苏珊·沃特金斯（Susan Watkins）的著作《一个令人担忧的拥抱》（*A Fraught Embrace*），是有关在位于非洲东南部的小国马拉维（Malawi）开展的遏制艾滋病（AIDS）的大规模国际行动的长期研究（Swidler and Watkins，2017）。这项研究通过为期数年的访谈、观察和文献回顾，追踪不同的群体怎样共同维系这个接受艾滋病病毒（HIV）国际援助的世界。

但是，撰写《一个令人担忧的拥抱》的过程并不容易，这个社会世界中行动者的不同视角与分析也没有明显的关系。不过，斯威德勒和沃特金斯渐渐认识到，如果没有中间人，他们观察的不同的国际研究项目，包括他们自己的这个项目，都不可能开展。当我们访谈安·斯威德勒有关这本书的理论构建过程时，她谈到了她们住在马拉维南部一个天主教中心时发生的一个事件。正是这个事件，明确了她们这本书的主题：

> 那是一个极其荒诞的夜晚，发现这个人原来是一个……80 多岁的国际大骗子，这个吉姆·汉伯（Jim Humble）……他发明了这种“神奇矿物质溶液”。我们彻底被他惊着了……可是吉姆·汉伯是怎么做到的呢？吉姆·汉伯是怎么为自己常年的职业诈骗生涯正名的呢？……通过证明他的神奇矿物质溶液能治愈艾滋病。他做了一件一点都不道德的事，他找到了一个当地的草药医生，找了 36 个服用神奇矿物质溶液的人。我是说，这太可怕了。[1]他怎么做到的呢，怎么能允许他这么做呢？
>
> 答案是他刚来马拉维的时候去吃了南多烤鸡（Nando’s Chicken）。他不知道，我猜他对非洲完全不熟悉。他不知道吃什么，所以，他每天都吃这种最像肯德基的东西，或者最像某种标准的美国快餐炸鸡的东西。这样，有个在那里工作的人就跟他成了朋友，跟他说“嗨，你来这里做什么？”他说，“噢，我想帮助别人。我会帮忙治愈艾滋病。”或者类似的话。这个人就说：“那你干吗不来我的村里呢？”

1 不出所料，汉伯后来又宣扬他的“神奇矿物质”也能治愈新冠肺炎（COVID-19）。

> 于是这个人就带他去了。
>
> 然后我们会问："天啊，我们又是怎么到这里来的？"这时苏珊就会说："噢，我有个研究生……"就这样，我们发现自己也同样完全依赖那些帮助我们进入村庄、帮助我们翻译发生了什么的人。

这个恍然大悟的时刻决定了他们的研究项目。故事背景中的一个现实问题，即外来者怎样与当地人建立联系，突然就来到了台前，具有了经验和理论的重要性。一旦这些中间行动者在中介社会关系中的极端重要性和巨大影响范围成为焦点，他们的项目就豁然开朗。他们的研究重点转向那些他们最了解、相处时间最多的人，那些把他们带到当地、被他们雇佣为研究助理的人。

在最终的书里，斯威德勒和沃特金斯指出，除了 NGO 精英和作为目标援助对象的贫困村民，全球卫生领域一些最重要的参与者正是第三个中介群体，他们称之为"夹缝精英"。这些人是马拉维人，通常接受过高等教育，因为他们知道在马拉维应该去哪里、找谁交谈，所以跟 NGO 精英和村民都有联系。本质上，是这些人带着一个群体找到另一个群体，把这个群体的梦想和需要翻译成另一个群体的语言（Epstein，2007）。

对分析做出这样的调整，使作者能够把多年来对马拉维人反复误解的观察结果，以及对这些夹缝精英在他们的世界中所看重的东西的了解，都转化为理论线索。举一个生动的例子，国际援助者的期望常常与马拉维的实际并不相符。国际援助者假设马拉维人普遍缺乏有关艾滋病病毒的知识。然而，即使是最贫困、最边远村庄里的马拉维人，也完全了解艾滋病病毒的危害及其传播方式。针对他们的宣传信息过于密集，加上看到自己的朋友感染病毒的经历，他们甚至会高估艾滋病病毒的风险。然而，NGO 却总是在打公共卫生牌，在广播和诊所中大讲特讲健康知识。这是在浪费精力吗？也不尽然。如作者们所述，NGO 为这些拿到一些资源的村民提供了关键服务，更为把它们带到村庄中的夹缝精英提供了关键服务。NGO 提供的培训非常宝贵，不过原因不总是像 NGO 官员想象的那样。如作者们所述："每天的补贴和差旅补贴可能是唯一的现金来源，让年轻人能够为家庭生计做点贡献，给自己买件新衬衫。出乎我们的意料，培训的第二个好处是参与者们最后会获得他们觉得很有价值的证书：一个他们完成了某个方面培训的证明。"（Swidler and Watkins，2017：231）在马拉维这样重视证书的社会中，这种培训让马拉维人既能**得到**什么东西，又能**成为**什么人。

最后，作者描述的这种令人担忧的拥抱，就是在这个应对可能暴发的流行病的跨国场域中，各个群体之间的张力和结构性误解。这些重要的张力，既有理论意义，也产生了经验后果。从经验来看，使这本书以真正全新的方式聚焦艾滋病援助的全球世界，证明了被忽视的利益的重要作用。从理论来看，展示了用“全球幻想”这个词能够最好地描述这个现象的重要性，包括大型 NGO 中的全球精英对非洲是什么样、他们能有什么梦想；马拉维的村民对更美好的生活的梦想，以及在这两种梦想之间，这些有抱负的夹缝精英迫切地想要实现经济和身份流动的希望。他们几乎使自己摆脱了贫困，不过是通过一种太过不确定的方式。这种幻想的社会学不仅适用于马拉维的例子或更大的 NGO 世界，而且使我们关注到社会现象如何在想象和直接行动的夹缝中得以构建。

回到我们的编码计划，我们要探究的是参与其中的“谁”之间的张力。让自己准备好去审视这种张力，对我们的研究设计有直接的现实影响：无论是在研究过程的开始，还是在整个研究过程中，剖析其他人怎样共同生成研究者感兴趣的现象，不仅能够更全面地描绘社会世界，也能提醒我们关注关系张力（无论这些人是否敏锐地意识到）。这些分析性张力，反过来又能成为我们的理论地图是否需要修正的重要线索。

时间张力

时间的流逝为我们提供了揭示社会生活中的张力的另一些线索。在访谈中，人们所描述的自己过去和当下的不同时刻，通常会相互矛盾；在民族志中，对时间的密切观察是描绘变化和断裂的重要工具。随着时间的流逝，由于很难保持一致性，张力就会出现，从而产生大量的社会矛盾。当人们发现他们在职业生涯中某个时刻在意的东西后来却变得微不足道时，这种张力相互呼应；当人们试图主动地把握未来时，像癫痫患儿的家长一样，就会产生张力。关注这些时间张力，使我们能够理解一个变化的世界的动态，这个世界正是因为条件变化而充满棘手困境；人们总是在成长，就算不长智慧也会长年龄；一场流行病扰乱了一代人的生活目标。

一项有关冷冻卵子的访谈研究，能够说明将时间张力作为理论建构线索的重要性。这项技术在发达国家被应用得越来越多，使妇女能够在相对年轻时冷冻自己的卵子，等到年纪再大一些想要怀孕的时候再受精。这项技术推广的卖点是帮助妇女降低卵子随年龄增长而老化的风险，避免胎儿可能出现的并发症。

这项生物医疗技术体现了现在的自我与未来的自我之间的时间张力：女性的当前年龄、两性关系状态、职业抱负以及身体老化、配子、未来的自我之间的张力。伊丽莎·布朗（Eliza Brown）和玛丽·帕特里克（Mary Patrick）通过访谈决定冷冻卵子的美国妇女，发现职业和日益老化的生殖系统之间的张力并不是访谈中出现的主要矛盾。她们在通读访谈记录时，为**关系**时间和**生理**时间之间的张力所震惊（Brown and Patrick, 2018）。她们的指标案例体现了这个维度：

> 如果没有卵子冷冻技术，也许我会跟一个男人约会，最后跟一个不应该在一起的男人在一起，只是因为他想要个孩子，我们想要个孩子，但实际上，我真的……我就是不想跟任何人生孩子。我就是想……我想跟一个我想要跟他在一起的人在一起，我才愿意生孩子，我觉得卵子冷冻能帮我实现这个愿望，不要成为前面说的那种情况。

生物学上的生殖时间在倒计时，但寻找真命天子却没有时间限制，二者之间存在张力。受访者不想勉为其难地跟一个没那么完美的伴侣一起生孩子，而是选择冷冻卵子，来维系构建两性关系不受时间限制的文化期待。如布朗和帕特里克所述，这是数据中的一个“显著模式”（Brown and Patrick，2018：968）。

当作者们从理论和经验上勾勒这个案例的轮廓时，生理时间和浪漫关系时间之间反复出现的差异就显得十分重要。这样，布朗和帕特里克就能够理解女性处理她们的浪漫关系的方式，比如怎样告诉（或不告诉）她们的伴侣卵子冷冻的事，怎样经常觉得自己没能理顺浪漫关系时间和生物时间，有的人怎样选择成为单身母亲，选择捐精者来为自己的卵子受精：

> 我想要让自己更多地约会，曾经有一段关系我希望能有结果，最后却没有。我觉得只要，就像是我的

> 一部分，不好意思我要说脏话了，只要我“去他的约会”……就觉得我不能再等了。我觉得自己需要——在那段我以为会有结果却没有结果的关系以后，我就觉得，你知道的，我需要把这些目标分开。

布朗和帕特里克从浪漫关系和生理时间的张力入手，在数据中也发现了一些异常值，因为理顺这两个时间并没有让这些妇女得偿所愿。从这个核心张力出发，他们揭示了接受捐精成为单亲母亲这样的其他选项，是怎么以原本无法想象的方式成为可能的。

在这个例子中，时间张力有两个方面的作用。首先，它本身就是一种理论贡献。作者们证明，如果研究者想要理解人们的生育决定，有关生命周期的研究就需要考虑不同的时间性的交错和理顺。其次，时间张力是研究卵子冷冻经历及其对妇女生活影响的一个抓手。从这个意义上说，她们的分析之所以成功的原因之一，就是从时间张力入手，使研究者和读者能够置身于这些妇女所在的经验世界之中。

布朗和帕特里克的研究是偶然事件。推动叙事的理论张力反映在妇女生活的张力中，民族志叙事和理论叙事配合得天衣无缝。然而在其他研究情境中，我们的对话者并不怎么在意数据中出现的张力。只有一些社会结构中的张力被讲成了笑话。

民族志工作中也能看到这种时间张力。民族志的成功，部分地取决于与研究对象在一起相处更长时间的能力。在一个社区中的这种长期参与，不仅是为了形成更加深入的描绘，能够用越来越多的细节区分使眼色还是眨眼睛，也是为了观察人的变化。把不同的时刻一个个地摆在一起，能够揭示某些最具理论意义的张力。不过，这样的张力常常只是文本制品（textual artifacts）。我们从纸面上体会到的张力，也许不是人们在自己的生活中有强烈感受的张力，因为这些时刻会相隔数年。

民族志学者通过历时变化来揭示巨大的影响，有一个例子是朱杨·李（Jooyoung Lee）的《唱起来》（*Blowin' Up*），这是一部有关洛杉矶中南部渴望成功的说唱歌手的民族志。他用5 年时间跟踪研究自己的说唱歌手朋友，对某些关系随时间的变化感到震惊。在说唱歌手职业生涯初期，他们会在洛杉矶中南部街角即兴“接力说唱”（cypher）或“对抗说唱”（battle）。在观众的怂恿下，两个年轻人可能会发起挑战，进行说唱决斗（duel）。围观这些对抗的一些（略微）年长的说唱歌手会指导年轻歌手，教他们怎么押韵。这些人是许多年轻说唱歌手的榜样，年轻说唱歌手试图模仿他们，学习他们的技巧。例如，在一段对话中，当一个渴望成功的说唱歌手被嘘下台时：

> 说唱团体“说唱工程”（Project Blowed）的一位老手沙米尔（Shamir）在两个回合之间发表了评论。他告诉这一组的第二个人：“你得喘气！你不能走上来，一口气

说唱 16 句！你的身体需要喘气的时候，你就得喘气。就［这么］简单。"（Lee，2016：65）

虽然说唱歌手花了大把的时间在家里准备歌词和押韵，不过说唱接力的经验和说唱老手的指导，对他们刚刚起步的职业生涯至关重要。刚刚进入这个世界的说唱歌手尊敬那些老家伙。然而，由于这些说唱歌手渴望在更大的音乐领域中取得成功，说唱前辈的指导就开始带有一些张力的色彩。在一次生动的对话中，李描述了一位曾经被认为是洛杉矶中南部最好的说唱歌手的年长歌手，斥责一个渴望成功的说唱歌手没有押上韵。后者没有像以前一样感激地接受他的建议，而是忽略了这样的批评，说这就是**自己**现在说唱的方式。

这些张力是李分析说唱歌手职业轨迹，以及这些说唱老手的角色从值得模仿的导师到应该避免重蹈覆辙的警示故事的历时变化的基础。这样的变化提供了一个窗口，使研究者得以审视人们试图最终在音乐行业取得成功时，与说唱的关系发生变化的其他方式。因此，在这个集合中构建的差异，就包括调整某些音乐和歌词的敏感性，与他们觉得工作室希望他们的音乐听起来是什么样的想象保持一致，穿不同的衣服，以及试图扩大自己的网络。

关注不同时刻之间的时间张力取得了理论上的回报，体现在历时 5 年观察形成的摘录**之间**的关系中。李没有从某一个摘录开始，而是对比了几个时间点。案例之间的关系构成了指标案例。接着，围绕不同时间不同案例中出现相似张力的不同方式，构建起数据集。虽然李的某些对话者反思了他们对前辈的看法随着时间而发生的变化，不过是李自己从不同的时刻的摘录中感受到了不一致，才开始了这个数据集的构建。

无论是围绕不同的观察结果之间的关系，还是围绕某一个激烈的观察结果来构建数据集，基本理念都是相似的。通过锚定这个围绕时间张力构建起来的集合，我们得以更加深刻地理解能够生成理论的社会动力（social dynamics），更深地理解结构中的某些笑话。

情境中和情境间的不一致

最后，另一种形式的张力取决于仔细关注同一个人在情境之中和情境之间的摩擦（friction）。我们每个人都有不同的身份。我们表现为不同的角色和身份，每一种角色和身份都要在社会情境中才能表现出来。张力和不一致不仅会出现在不同的人之间，出现在不同的时间节点，也表现在处于不同社会情境之间或不同社会情境之中的同一个人身上。[1] 人们处在这种不一致中，必须协调自己在不同情境之间以及不同情境之中的身份，

1　虽然我们认识到时间和情境是密不可分的，但我们发现，出于启发式目的对它们加以区分能够有所帮助。

这可能会成为最重要的线索，表明你的观察中可能发生了某些有趣的东西。

如上文所述，这种不一致会以两种不同的方式出现。为了论述简便，我们把它们放在一起讨论。第一种是情境**之间**的不一致。我们没有把时间看成是生命轨迹中两个不同节点之间的关系，或是历史的发展过程，而是思考人们日常生活中循环往复的时空关系。我们在家、在工作场所和在布鲁克林的咖啡馆里，说话和行动的方式都有所区别。不同的情境会引生出不同的表现和存在方式。而第二种方式在访谈场景中尤为重要，即在一个单一情境**之中**产生的张力和不一致。这种情况下时间依然很重要，在访谈或互动的不同时刻，还是会有不同的说话或反应模式，而我们聚焦的，是即便在一个有限的情境中，视角和说话做事方式的多样性。

公园和街道：暴力的意义

我们来看看人在不同的情境中会有怎样的变化，有时这种变化会使他们做出选择，或是揭示出他们的不同方面。人们在日常生活中的某个情境中做什么、说什么，与他们在其他情境中所做所说的并不相同。如特鲁伊（Trouille）和塔沃里所述，有许多很好的理由去关注这种情境之间的差异（Trouille and Tavory，2019）。这里我们关注的是，看到人们在一个情境中怎样定义自己，并确保这个自我不要外溢到生活的其他部分，有助于我们理解他们的社会世界的结构划分。举个简短的例子，伊多观察到洛杉矶在社区之外工作的正统犹太教（Orthodox Jewish）男性，也就是那些没有担任正统犹太教学校教师、拉比或洁食管理员的男性，不得不在截然不同的自我之间挣扎。在工作时间，他们常常会有非正统犹太教的朋友和兴趣爱好。有的人居然是狂热的枪支爱好者，有的人喜欢思考办公室政治，十分熟悉《呆伯特》（*Dilbert*）漫画。可是，当这些男性和女性回家之后，常常不得不屏蔽这个非犹太的世界。人们小心地**不去**谈论这些爱好和自我。伊多意识到，在这个情境中，做一个好的正统犹太人，常常意味着他们要抹掉其他的自我。这个发现变成一个能够生成理论的观点。他没有把关系网络当成能够写在纸上的、永恒存在的东西，而是认识到**网络的情境结构**在构建复杂的道德环境中有多重要。在这个例子中，社区所做的不是制造一种制度的完整性，将人们限制在正统犹太教的世界中，而是以一种无法言说的方式建立起这种情境联系（Tavory，2016）。

另一个例子是戴卫·特鲁伊有关一个洛杉矶公园里拉美裔移民网络和踢足球活动的民族志（Trouille and Tavory，2019；Trouille，2021）。他研究了移民怎样通过在公共空间踢足球，在这个新的国家为自己找到一个位置，在休闲中夹杂着工作和自我价值。于是，这个公园就为特鲁伊提供了一个能够审视工作与休闲关系的策略性地点。这个公园也是聚会、喝酒和偶尔发生暴力的地点。每隔一段时间，足球场上的小冲突就会升级为身体对抗。如特鲁伊所述：

> 我一开始觉得这种偶尔发生的暴力既令人恐惧又毫无意义，某些方面很像那些在公园里喝酒的男人。不过出乎我意料的是，这些男人也会把这个公园说成是一个相对“安全”的打架的地方，起码在身体伤害方面是这样。（Trouille，2021：128）

为了理解这种毫无意义的暴力行为，特鲁伊需要走到公园之外。当他在下班之后与这些男人在酒吧见面时，他看到了更令人恐惧的暴力或接近暴力的行为。例如，这些男人担心自己被捕，会发起一场无法预测会怎样升级的暴力。当他跟公园里的其他人说起在这些地方打发时间时，他们会批评他，告诉他那有多危险。特鲁伊意识到，公园里的暴力虽然也令人担心，却是可以预测的。这是一个展示男子气概的舞台，不过也是一个相对安全的空间。其他人总是在那里劝架，确保事情不会失控。这种情境之间的差异，有助于理解足球场上的暴力的意义，也是为理解这个足球场成为自我呈现的舞台的重要性提供了一个线索。在特鲁伊著作中更大的情境，对于安全的暴力的认识，使他能够理解休闲活动对建立社会关系、为这些移民提供归属感的重要性。

情境之中的张力

情境张力不需要发生在一个轨迹的不同时刻中，或是发生在不同的地点，它可以发生在人们由于生活节奏的推动，随着环境变化而改变意义的时刻。

访谈设计的目标之一，是表现受访者故事中的张力、不一致、沉默和含糊其词。虽然访谈是一种相对稳定、连贯的情境，访谈时一个人会坐在一个地点与另一个人交谈，但是随着受访者叙事的展开，他们常常会说些截然不同的东西。这种不一致可以由访谈者引导出来，也可以表现为受访者在这个时刻好像在讲这个故事，在下一个时刻又在讲另一个截然不同的故事。

凯瑟琳·格尔森（Kathleen Gerson）的《未完成的革命》（*The Unfinished Revolution*）是访谈者引导出张力的一个例子，这是一项访谈研究，访谈对象是经历过工作和家庭中基于性别的劳动分工转变的那一代儿童。如格尔森所示，很明显大多数受访者都声称自己认为平等的劳动分工是一种理想的关系。不过访谈中还是出现了张力。虽然大多数受访者都支持这种理想，但也会长篇大论地说真正实现这种平等关系会有多难。于是，格尔森的许多受访者都是退而求其次，描述了一个没有他们所希望的那么完美的关系（Gerson，2010；Gerson and Damaske，2020）。

不过，格尔森推断，理想和退而求其次之间的这种差距富有启发性。女性这种退而求其次的立场主要是出于自力更生，如果她们不能兼得，那么就把工作放在首位。正如格尔森的一个受访者所述："我总是有意识地想要对自己负责。我会为了自己的独立而拼命战斗。任何时候，我觉得有人威胁到我的独立性，就会伸出我的爪子。"（Gerson，2010：126）而男性在想象自己退而求其次的立场时，则是回到了一种传统模式，即男性养家糊口，他们的伴侣待在家里。换句话说，格尔森利用受访者叙事中不同访谈之间显性的张力，通过关注性别平等的理想和退而求其次的立场之间的结构性差距，反映了不同性别的期待之间存在至关重要的不同之处。

研究要反其道而行之

聚焦张力和不一致，无论是参与者之间的还是随着时间变化的，无论是情境之间的还是情境之中的，都有助于培养一种特定的分析敏感性或分析心态。我们没有找到更好的术语，鼓励你变得在智识上具有"颠覆性"。每个社区都会讲述关于自己的叙事，这个叙事扎根于传统、品牌或假定的共同价值。搞清楚最普遍、**最官方的**叙事是什么并不难：教育场景中是教学生；医疗卫生领域是治疗病人；宗教中是信仰体系；新闻界是报道新闻；政府是治理。但这就是全部的故事吗？这些词汇和故事，常常描绘了不同的人朝着共同的目标努力的清晰图景，但即使它们描述不同的人或不同的艰难决定之间的张力，一个领域认识自己的方式也常常会忽略这个领域中某些最有趣的东西。

许多社会世界和组织都有自己的代表，他们的任务是生成这个社会世界或组织的印象。当你去圣地亚哥（San Diego）美国和墨西哥边境的友谊公园（Friendship Park）时，这里有一堵用钢铁筑成的、20 英尺（约 6 米）高的边界围墙隔开了两个国家，你会碰到美国政府的边界社区联络员。这个公园一周中大部分日子都是关着的，不过在工作日，美国这边有很少人可以通过围墙上的金属小孔与墨西哥那边的人交谈几个小时。在允许你这么做之前，联络员会先跟你谈谈，告诉你他们认为那里为什么需要一堵围墙，以及他们所在的机构将安全放在首位的观点。或者举一个不同场景的例子，在大学校园参观时，未来的大学生和他们的家长会碰上一些向导，他们会用预先设定好部分脚本的叙事，眉飞色舞地讲述这所大学的好处。不过等你真的来到这所大学，可能会发现他们吹捧的优点许多都不存在，真实的体验和那些用于公关的快照并没有多少相似之处。印象经过了积极地管理，所以，统一、连贯又讨人喜欢。如果我们通过这一章想传递一个观点的话，那就是反其道而行之会使你找到藏在表面下的有趣东西的宝贵线索。

举最后一个例子，茱莉娅·班迪尼（Julia Bandini）研究了美国一些最著名的医院重症监护室（ICU）中的临终决定。重症监护室的病人都病得很重，有些人只能靠机器来维持基本的身体功能，长期来看不可持续。要么病人会有所好转，要么医护人员就得做出撤离或限制治疗的艰难决定。他们需要病人亲属的同意才能撤离治疗，因为拔掉呼吸机和关闭其他维持生命的设备，意味着病人很可能会死。这样的对话很难，医护人员常常会请一位生命伦理学家来促成这个就即将采取行动达成一致的过程。医护人员不想单方面决定，因为结束病人生命的如果不是安乐死，也是医生给予的临终药物镇静。病人的死亡是合理的还是不合理的，取决于医护人员是否得到了病人家人的支持。这个领域的大多数文献都在讨论这些令人心碎而又压力巨大的决定的复杂性。观察者和身处其中的局内人会谈论怎么应对分歧、怎么引导家人做出正确的决定。班迪尼通过观察这些互动并与医护人员交谈，像前人一样发现了做出“够了，是时候了”的决定的戏剧事件（Bandini，2020）。

然而，她还有一个意料之外的发现。班迪尼在病人去世后三个月和六个月时分别访谈了他们的亲属，发现这个困扰医护人员的决定并不是死亡经历中印象最深的东西。对亲属来说，更重要的是他们遵从了病人在做出这个最终决定之前曾经表达过的意愿：许多病人都明确表示他们想避免不必要的痛苦。亲属们还会回想起很小的照料行为，比如为守在丈夫身边值夜的妻子带个枕头或牙刷。最重要的是，亲属们会对在 ICU 的那段时间心存感激，因为这有助于他们为失去伴侣或父母的生活做好准备。虽然放弃治疗的决定也是这个过程的一部分，但让家属们讲述在 ICU 遭遇死亡的故事时，只有很少人会主动提到决绝治疗的决定。[1]

这是一个很好的例子，表明作为研究者，你可以遵从也可以反对某个领域中对一个问题的定义，提醒你我们的参与原则并不意味着要听从受访者。在这个例子中，重点不是在一个看起来统一或连贯的情境或社会世界中发现张力，而是这个田野现场呈现给外部的（通常也是呈现给自己的）张力和困境，其实并不是研究者发现的那些张力和困境。如果你停在生命伦理学家和医生们做出决定时的考虑因素，你能说的，甚至能想的都会受到局限。其中一个局限，是在开展医学**中**的社会学研究时，你带着社会学视角去思考的议题，都是临床上已经预先判定为有问题的议题。你将会用社会学工具去探索亲属的叙事，去审视为什么亲属们常常会有分歧，以及一个反对停止治疗的亲属怎样导致了漫长的决策过程。这样做的好处在于：你可以与受众中的医生和生命伦理学家，以及大量的文献进行对话。

相反，你可以把停止治疗的决定置于更广泛的情境中。这种方式更像是医学的社会学（Straus，1957）。例如有学者认为，放弃治疗或停止治疗的决定，反映的是组织性议题，例如护士和医生之间的劳动分工，他们能够获得的知识并不相同（Anspach，1993）。他们没有问为什么重症监护室会反复

1　这也强调了我们在第 4 章中有关提出去焦问题的观点。茱莉娅也可以具体地问放弃治疗的决定，但她问的是亲属怎样看待在 ICU 那段时间的更加宽泛的问题，让亲属们能够告诉她什么才是真正重要的。

出现这样的困境，而是观察生命伦理学家怎样帮助推动了做出决定的过程（Chambliss，1996）。在这种家庭会面中，生命伦理学家的角色是为医生扫清障碍，因为会面的目标是让病人家庭同意从生命医学的角度来做出的这个决定。你可以批判性地分析信息的分布、亲属表达自己观点的机会，以及设定好用来说服亲属的论点以引导患者家庭做出医护人员倾向的那个决定（Kaufman，2005）。例如，你可以将临终关怀阶段的共同决策实际上是什么样进行问题化（problematize）。你仍然是在研究怎样达成一个决定，只是把这个决定置于更加坚实的社会科学基础之上。

这样做可以分析决定的相关性，而不是仅仅从亲属的视角关注他们重视的是什么。你不会特别重视任何一个决定，而是关注有个病人死在ICU这个经历。亲属的问题不一定是病人是**怎么**死的（这是医护人员要关心的），而是**一个他们爱的人死了**。失去一个家庭成员是最重要的。班迪尼的研究表明，对于某些家庭而言，放弃的决定确实非常艰难，影响了死亡的经历。但她也发现，家庭最重视的是医护人员是否认可他们的决定。如果医护人员肯定一个决定，说他们也会做同样的决定，或者病人恶化的身体状况迫使他们不得不做这样的决定，家庭成员就会感到宽慰，如戈夫曼在《论抚慰受骗者》（*On Cooling the Mark Out*）一文中所述，这样的宽慰会影响悲伤的过程（Goffman，1952）。反其道而行之，使她得以放下相信这样的决定是临终关怀中最引人注目的事件这个假设，审视发生在病人床边的互动，以及家人在事后讲述的故事。

这个例子对质性研究者的启示，是需要把普遍认可的说法和群体、制度的公开叙事放在一起加以审视。就算它们是对某些张力和困境深思熟虑的描述，也只是社会世界中特定的人的描述。霍华德·贝克尔认为，社会学家应该“怀疑任何居于权力地位的人告诉你的一切”（Becker，1998：91）。雷伊·斯塔鼓励她的学生去思考谁会从这样的结构中受益（Star，1991）。总而言之，你应该怀疑对事物秩序的官方定义，因为这些解释正是最有权力塑造社会世界定义的人所感受到的困境和张力，就算他们可能不会从中获利，这样的定义依然只是基于少数人的经历，而你的贡献在于揭示这个过程服务了谁、屏蔽了什么声音。

结　论

张力本身不一定具有**理论上的**指导意义。不过如果你要寻找数据的抓手，结构中的笑话常常值得分析。[1] 在本章所举的例子中，这些张力最终构建了研究者的理论和经验故事。

听懂结构中的笑话的笑点，能够确保你更加深刻地认识你所研究的社会世界。张力意味着我们研究的社会世界中，不同

1　我们想使用不同的术语，而不想在这里推动一种“怀疑诠释法”。请参阅 Ricoeur，1971。

元素之间存在抗争、冲突和不和谐的交汇点。从这个意义上讲，张力和意外发现有相似之处。这一点看起来可能与你的直觉不符。意外发现是叙事中的转折点（Tobin，2018），而张力常常使我们在前进时停下脚步。不过，转折点常常有赖于我们暂时停下脚步的能力。从结构来看，意外发现和张力就那么相近。

欧文·戈夫曼曾经说过，你知道自己在田野中，是因为你“觉得自己可以留在这里，忘记自己是个社会学家……你应该能够像身边的人一样，有相同的身体韵律、动作速度、跺脚等。这是渗透到一个群体中的真正的试金石”。（Goffman，1989）我们认为这个门槛还是太低。如果你知道自己在田野中，就会开始寻找那些真正好笑的笑话。找到那些让事物好笑的张力和不用明说的困境，说明你做得还不错。明确地关注这些张力和不一致，能够让我们更好地描绘这个田野。对田野的描绘越好，与我们的理论地图和指南针所指的方向进行对比就越有趣。

第 8 章

做记录，写报告

"民族志学者是做什么的？"他/她写道。

——克利福德·格尔茨

《文化的解释》（*The Interpretation of Cultures*）

扎根理论的创始人提醒质性研究者，分析不是从你把录音设备放回抽屉、把一堆数据整齐地堆在桌上时才开始。从你开始第一个访谈或写下第一个田野笔记时，分析就开始了。你要不断地总结自己手头有什么，给自己行军号令去提出更多的问题，利用编码第一批数据点来把握研究走向，从中形成分析备忘录，跟进自己不断出现的分析想法。还有，你可能想在数据收集中留一些间隙：观察六个月之后，暂停一个月进行分析，然后回到田野开始又一轮的数据收集。如我们在本书中一直强调的那样，如果你等到收集好一切才开始分析自己的观察结果，你的分析就会受到限制，一些你本来可以采取的最重要的方法就会被排除在外。

而我们在本章中的论点，则是在完善了编码方案、写好了备忘录来总结自己的分析想法与文献的关联之后，质性分析还没有结束。在收集数据和编码观察结果的过程中，溯因研究周期将没有研究前景的和有研究前景的理论线索区分开来的优势表现得最为明显。不过，在研究项目中会有一个时刻，你觉得自己已经有了分析故事。你的数据已经达到饱和：你几乎能够预测下一个受访者会告诉你什么，跟你以前听过的故事只会有些许的差异。你已经能解释这个故事。数据分析好像已经完成，你已经准备好根据自己的编码和备忘录来撰写研究报告，以期发表。

虽然你可能觉得自己已经准备好收尾了，但在研究写作时溯因分析还在继续。此时溯因分析会以两种方式继续。首先，写作本身就是分析。写作不是研究项目结束时的扫尾工作。写作时要做出无数的选择，选择呈现哪些证据；哪些隐喻最有说服力；使用谁的叙事视角；要不要构建一个场景、一个环境、一个概念或一个主题；你的主要人物身上发生了什么转变，能够成为理论支架。这些选择都是分析性的，它们生动地表达了理论观点。科学写作是一种说服性写作，但尤其是在理论文章中，这一点常常被忽略、被轻视，好像纯粹的思想力量就已经足够。不过任何小说家或诗人都会告诉你，你的写作方式，本质上就是你要传递的信息。

其次，在发表过程中向同事展示自己的工作，会使你看到你不知道的意外发现，意识到你以为自己找到的某些意外发现其实并没有那么出人意料或那么新颖。通过匿名的同行评估，让其他人看看你的数据、你的推论和你打算做出的理论贡献，可能会使你不得不回过头去重新调整自己的分析。如果你看看研究者觉得自己已经完成了编码、准备好写一篇文章时的数据分析，再与最终发表的分析成果进行对比，会发现区别大得惊人。最初的分析有时能够提供一个粗略的大纲，通过写报告的过程得以进一步完善和论述，不过常常连续性更糟，即与最终发表的分析完全不同。写作过程中包括非常重要的分析工作，可是大多数方法论书籍都没有涉及这一点。虽然作者会在致谢中感谢审稿人在审稿阶段提出的有用的建议，但没有一个专门的方法可以部分解释可怕的**2号审稿人**（指代吹毛求疵的匿名审稿人）怎样影响了最终发表的内容。

本章将审视撰写研究报告和积极参与探究共同体能够怎样帮助你摒弃和完善初步的理论建构，使你的研究进入另一个溯因回路（abductive loop）。在办公桌上没完没了地进行编码是一回事，但在一篇文章中使用这些会被同行审稿人看到的编码，却是另一回事。想象你的同事正在阅读你的成果，会有助于你的写作。一些理论观点，哪怕是那些你独自思考时觉得还不错的观点，也会很快消失，而另一些理论观点却会因与同行审稿人的交锋而得到加强。

溯因式报告

溯因式写作为利用理论发展过程来组织报告撰写提供了机会。我们提倡的是**修辞溯因**（rhetorical abduction）[1]：有意地用语言和修辞手段来表达数据中理论性的意外发现，这种表现形式不会直接跳到结局，而是用理论发现的次序来构建和传递论点。所以，你不能仅仅把溯因看成一种科学推论逻辑，还应当把它视为能够组织质性研究报告写作的一种叙事结构、一组资源。不过，重要的是有个认知反馈回路：叙事的组织可能会反过来推动进一步完善溯因分析。当你起草自己的研究发现，希望触及并吸引某些受众时，就是在构建新的分析观点。

这种跨越与皮尔士学派的观点相一致，他们认为溯因推理不仅限于科学领域，也构建了其他类型的叙事。最明显的例子就是侦探故事，夏洛克·福尔摩斯（Sherlock Holmes）、赫尔克里·波洛（Hercule Poirot）或奥古斯特·杜平（Auguste Dupin）从留下的线索中进行溯因，发现看起来最可疑的人其实是清白的，是另一个角色犯下的罪行（Sebeok and Umiker-Sebeok，1983）。詹姆斯·利斯卡（James Liszka）和杰尼·巴布（Genie Babb）从这些文献出发，认为在任何将各种事件以某种方式联系起来以使读者感到意外的情节中，都自然而然地会存

1　我们受到了 Edmondson（1984）的启发。

在溯因思考（Liszka and Babb，2019）。溯因是一种组织文本的叙事手段，是作者的建构，也是受众的阅读体验。成功的作者会组织一个情节，使读者找到意外发现并鼓励他们进行溯因式回应，如果奏效的话，就会使读者修正自己对书中这个世界的原有认知。这样的情节当然不是读者能够轻易预测的，不过得是可理解的、可信的。[1]

利斯卡和巴布借鉴了文学学者沃尔夫冈·伊瑟尔（Wolfgang Iser）的成果，认为作者与读者是在进行一场想象力游戏，作者通过文本符号传递重要想法，以此来引导读者。也就是说，文本不会将冲突的解决方案和盘托出，而是激发读者去找到事物之间的联系［这种修辞手法称为**含蓄**（reticence），是指有意地中断一段话，使读者能够暂停下来完成思考］（Edmondson，1984：26）。作者通过引入中断、意外和异常，鼓励读者完成这样的恍然大悟。利斯卡和巴布处理的是虚构类文本，但这种叙事的组织方式可以应用到质性研究的写作中。

可以将修辞溯因作为一种叙事手段，用于组织文本。我们作为作者，要从自己对一个话题的已知或所以为的已知入手，然后引入意外发现，最后才是新的理论建构。这是最古老的亚里士多德叙事的一种变化形式，也是无数电影和图书的基础：

---

1 或者，正如我们在《溯因分析》的最后一章中所述，质性文章的论点需要在理论、数据、发现的合理性和理论相关性之间找到契合（对“那又怎样？”问题的回答）。

从建制（set-up）、冲突（conflict）到宣泄（catharsis）。不过质性文本很少像侦探故事一样一步步地引入线索，在文本最后安排大揭秘。贝克尔已经指出，社会科学倾向于在文本中直接展示情节，通过证据、理论和观点来迫使读者改变自己的想法（Becker，1986）。摘要和引言通常就直接呈现了叙事情节。要打破这种根深蒂固的模式，需要一个特立独行的人。

历史学家卡洛·金茨堡（Carlo Ginzburg）就是这样一位特立独行的人。在一篇高超的论文中，他分析了一个 17 世纪马里亚纳群岛（Mariana Islands）反抗西班牙定居者时期的长篇演讲的故事，这些人是典型的“高贵的野蛮人”，这个概念可以追溯到古希腊古罗马时期。那么，我们为什么要相信这个文本是真实的，而不是从来没有去过马里亚纳群岛的耶稣会士作者的想象呢？金茨堡详细描述了文本作者反复修改自己的想法甚至是句子的转折，在文章最后指出文本作者使用了耶稣会传教士的年度报告来构思演讲稿。在耶稣会士文本的一个脚注中，作者表达了对西班牙人带来“小鼠、老鼠、苍蝇、蚊子和所有那些小动物，它们的存在只是为了给我们传播瘟疫吗”这个说法的困惑。如金茨堡在他文章最后一段中所述，虽然作者嘲笑了这种想法，但生态学家已经证明，西班牙殖民者的确在不知情的情况下导致了这些害虫在马里亚纳岛屿间的蔓延，带来了灾难性的后果。金茨堡的写作方式就像是侦探谜题，为读者提供了这些演讲的历史背景，证明了即使在虚构体裁中，也能够找到与主流声音不同的历史观点的内核："在流畅的修辞背后，"他写道，"我们至少听到了一种不一样、不和谐、不顺从的声音：一种来自文本之外的与众不同的声音。"（Ginzburg，1999：83）

因此，虽然使用侦探叙事也是可行的，但可能要求文本实验更适合一篇话题论文，而不是一篇期刊文章。不过，虽然通常期刊格式不是在最后一段中才揭示结果，我们还是可以使用溯因式意外发现的叙事形式，甚至用在期刊文章中。应用在图书中更容易一些，为了在几个章节的跨度中维持叙事的结构，作者不可避免地需要构建一些张力或谜题，在后面的章节中加以解决。

那么，修辞溯因在实践中又能怎样发挥作用？这里我们聚焦数据的呈现，以及数据和理论之间的关联。

通过差异来进行写作

"2007 年一月的一个阳光灿烂的周日早晨，我走到市立清真寺的前门，开始在这个清真寺的穆斯林社区中为期三年半的田野工作。我当时并不知道，我会跟一群年轻的穆斯林这么密切地接触，他们有一个不时活跃的嘻哈群体'传奇'（Legendz），所以我就用这个名字来称呼他们。"这是约翰·奥布莱恩（John O'Brien）关于在"9·11"事件之后成长起来的穆斯林青少年男孩的民族志的开头部分（O'Brien，2017：

XI)。阿特金森（Atkinson）基于文学理论，将这种形式称为**逼真性**（verisimilitude）（Atkinson，1990）。质性研究者要说服读者相信自己观察到的事实：一种置身其中的文本效果（Geertz，1988）。这种目击者报告依赖于话语传统（discursive conventions），给人一种作者的文本与观察到的现实相符的印象。质性研究通过数据呈现（即田野笔记或访谈记录的摘录）与分析性评论相结合来说服读者（Atkinson，1990）。

于是，在总结数据写报告时就出现了一个现实问题：你能呈现多少文档记录？质性研究吸引人的地方之一，就是能够捕捉到更多社会生活的复杂性：从经验和理论来看，一切都好像相互关联。你与受访者和知情人建立起深厚的关系，因有幸见证他们的生活而觉得自己有义务准确地呈现他们的生活。你有太多的数据、太多的想法，但写作空间却太小。你怎样才能在 8000 字的文章里挤下这些复杂性，更何况去掉参考文献、引言、结论和方法部分，你实际上只有 5000 字？你怎样才能既忠实于自己所做的工作，又触及自己的受众？

质性研究令人痛苦的真相是：最终你只能忠于自己的读者。如果你只能用一篇 23000 字的文章或一本 600 页的书才能完全捕捉到分析的复杂性或数据的丰富性，那将会毫无意义。几乎没有哪个期刊会看你的成果，征稿编辑会忽略你的电子邮件，也很少有读者能读完你的作品。也就是说，要想发表你的研究成果，读者就必须得错过受访者的一些精彩经历。这很痛苦，但在写作中，少就是多。如果你的目标是用自己的作品来取悦每一位受访者，那么这个过程将会十分痛苦，结果也可能会以失败告终，因为没有任何文本能够真正准确地呈现哪怕是一段短暂分享的生活是何等丰富。因此，你需要首先将写作视为一种沟通行为，一种吸引和说服受众的手段。考虑到你的作品将经过匿名同行评审，你需要设想自己要说服的是持怀疑态度的受众，要在他们阅读你的分析时还没能清晰地形成反对意见之前，就预测到并消除掉他们的反对意见。

好吧，可是你还是在盯着一堆 746 页的记录和田野笔记。怎样把这堆记录和笔记缩减成 3 页的引语和摘录，以此构成你文章的经验基础？我们知道你可能觉得要保护所有精心计划和编码的访谈观点，但最后你不得不毫不留情地只留下那一个能推动你的论点的引语。如果你有两三个能证明同一个观点的引语，通常就得舍弃相对薄弱的那些。[1] 你提供的范例，应该是你所研究的社会世界中一系列观察结果的标志性代表。

为了实现修辞溯因，有关开放和聚焦编码的章节就要说明怎样剔除大量的数据来支撑一个论点。开始写报告时，指标案例是一个不错的切入点，然后再关注数据的内部差异或比较差异。你想要呈现的是最有说服力、最引人注目、最令人震惊的观察结果或访谈故事。如前文所述，范例更重要的是能够激发

1 Lofland, 1974. 如果有帮助的话，这时你可以哼唱《冰雪奇缘》(*Frozen*) 里那首烦人的歌：“随它吧，随它吧……”

理论，而不是统计上的典型性。选择的数据片段不具有任何统计意义上的代表性，但却最具理论意义，使读者准备好接受接下来的论点。

在溯因分析中，研究者呈现的是引人注目的数据摘录，也就是他们在社会世界中发现的模式的缩影。他们通过评论或更多的经验细节，证明这些数据能够指向文献中没有解释的东西。处理数据，就是构建一个理论谜题。考虑到你的目标是使读者感受到溯因式的意外发现，可以安排数据片段来呈现一种对比。在溯因式写作中，一种常用的修辞手法是**并列**（juxtaposition）。只有与意料之中的进行对比，意外发现才会在意料之外。所以作为一个作者，你首先要调动读者的期望：其他学者觉得理所当然的那些东西，大多数或起码某些受访者的想法是什么，人们解决问题的通常方式。从这些背景出发，意想不到的事物才能发生：人们没有按照看起来理所当然的方式行动，通常的行动方式或推荐的解决方案没有产生预期结果，在文献和需要解释的东西之间存在张力。重要的是，在描写意外发现时要暂停一下，真正从经验上去展开，而不要省略细节。这样做能够为你实现溯因推论提供分析空间，去解释意外发现并分析其后果。你通过文本组织和数据选择，来质疑熟悉的事物和新鲜的事物之间的关系。基本上，归结起来就是：当你在进行分析时，重新构建数据中让你觉得出乎意料的东西。

不过在大多数情况下，并不会真的那么完美。当你回顾自己的数据，想选出那一个访谈引语或那一个出色的田野笔记时，你会发现，将经验材料简化为最具说服力的时刻这个简单的行为，就改变了分析本身。你此前反复多轮编码，都有赖于通过分析许多实例来描绘它们的差异。写报告迫使你只能选择少数范例并精简编辑，以符合一篇期刊文章的字数限制。你得以叙事顺序来组织自己的笔记和引语。你得精简这些引语，而这样做就改变了它的含义（Lareau，2012）。在编辑访谈引语来增强可读性时，需要警惕一点：博尼拉-席尔瓦（Bonilla-Silva）有关色盲种族主义（colorblind racism）的理论观点非常有影响力，是由于关注到学生们在被问到有关种族的个人问题时表现出的犹豫、尴尬和迟疑（Bonilla-Silva and Forman，2000）。然而在编辑访谈记录时，这些停顿和躲闪的回答可能都消失了。

当你把自己觉得大为惊叹的东西转化为电脑屏幕上的像素时，也许会发现它其实没那么出人意料。为假想的受众而写作，可能会让你发现自以为取得的成果根本说不通。你能想到的图景就像是自己动手通水管。你在大脑中想明白了怎么做，然后出去买到了所有需要的部件。可是当你挤到水槽下面时，就会发现自己漏掉了一个关键设备，你手头的设备根本不能用。所以你又得回到商店。同样地，当你从计划要分析的东西进行到真实的写作时，会发现根本就不能用。**你之所以能够有这样的发现，就是因为写作的过程。**所以你必须回过头去阅读更多的文献，进行更多的编码，甚至返回田野，搞清楚你能够做出的有说服力的推论是什么。所以，写作行为可能会开启下一个溯因分析周期。

关于术语

质性研究者在写作时面临的另一个重要挑战，是把观察结果与相关的理论观点联系起来。还记得溯因数据分析的结构性问题吗，数据能够成为什么**理论**的案例？要回答这个问题，就需要你的观察结果能够证明理论上的相关主题。实现修辞溯因的另一种方式，是概念化你的观点，来支撑它们的理论创新之处。

无论我们是不是真的需要在社会科学中增加一个术语，审稿人都经常要求作者提出一个概念创新。这些学科里全是这样的人，他们把日常用语放在吓人的引语中，再说成是概念上的突破，而其实不过是又一个已经重复太多的术语的微小变化。安塞尔姆·施特劳斯和他的合作者们都喜欢在“工作”这个词前面加上名词来形容工作，所以，我们会看到这样一本书，其中各章分别是医院中医护人员的“机器工作”“安全工作”“舒适工作”“情感工作”“表达工作”，而另一方则仅仅做了“患者的工作”（Strauss et al.，1985）。最近，我们又看到无数的“公民权”，包括创伤公民权、监狱公民权、性公民权、政治公民权、生命政治公民权、有限公民权、司法公民权、生物公民权和其他各种形式的公民权，用来表示人们可以向国家提出要求并得到国家法律承认的相互关系。另一个相似的概念群使用了前缀“生物”或“生命”（英语 bio-），例如生物医疗、生命价值、生物社会性、生命政治等。这些概念大多理论贡献甚微：它们不过是关于已经完备的主题略有不同的变化形式而已，足以得到行内人的承认，也不会惹到任何人。

审稿人对现有术语足够用的情况下生出新的术语持怀疑态度，是有道理的。在许多情况下，你不需要发明新的术语，就能做出理论贡献。如果你使用现有的术语体系，可能对大家都更好。但也有一些时刻，一个术语会发挥重要的作用，例如布迪厄的社会不平等理论中的惯习概念。在我们提出溯因分析的第一篇文章中，我们发给出版方的那个版本中并没有用溯因分析这个词，而是摸索着讨论一种修正的扎根理论，虽然我们显然离扎根理论已经越来越远。我们当时不觉得需要自己的标签。然而审稿人不同意，其中一位审稿人要求我们给自己的方法起个名字。一个合适的术语能够立刻让读者理解你的想法。你不需要去做解读，因为你有了术语。在现象学术语中，曾经只能通过好几步“逐步进行”（polythetical）才能描述的东西，现在可以用“瞬间完成”（monothetical）一个词来表示。因此，术语让你能够描述这种一揽子的观点，而不是每次用到时都要再次建构。反过来，这也使随后深入发展理论观点更加容易。

如果你真的认为自己正在构建的过程或观点值得使用一个

新的术语，那么这就是你的职责。你面对的挑战，是证明这个术语说明了什么，或解答了一个困扰其他人的谜题。这个要求很高，新的概念或新的理论分支需要证明自己存在的理由。

最好的术语，不需要多加解释就能反映你想说的东西。理论中包含隐喻和提喻。在提喻中，部分代表着整体，例如**木槌**代表**法律**；而在隐喻中，我们通过对比或类比，用另一种东西来理解这一种东西（Lakoff and Johnson，1980）。社会科学的写作更有可能是富有新鲜想象力的创新，而不是老掉牙的隐喻。如果你的写作都是陈词滥调，就会让读者无视你。如果你的概念是个刺耳的新词，也会使读者失去兴趣。如果你用了一个日常的概念，却赋予它不同的含义，又会使读者感到困惑。每次你使用这个概念的时候，都要再次纠正读者原本对它更加显而易见的解读。因此，更好的办法是选择一个以更直截了当的方式表明它的含义的概念。你也要关注自己选择的隐喻的符号学意义。例如，把理论看成是**建构的**、**拓展的**还是**发现的**，意味着不同的过程、能动性、推理模式以及与过去的关系。在一项经受住时间检验的研究中，人类学家艾米莉·马丁（Emily Martin）回顾了医学教材中用来描述分娩过程的隐喻，发现以机器式分娩隐喻为主：把怀孕妇女的身体比喻成一台机器，子宫生产婴儿，分娩按照设定好的进度分阶段进行，而医生代表着实施干预以提高生产率的技师（Martin，1987）。在真实生活中，这些隐喻对即将分娩的妇女很重要，因为它们代表着分娩过程中能动性和责任的分配。[1]

强有力的概念创新不仅增加了语义内涵，还可能通过用词来呈现理论的转变。马修·德斯蒙德（Matthew Desmond）认为，关系民族志需要一种关系语言，就像过程性社会学（processual sociology）需要一种避开本质主义术语的语言一样（Desmond，2014）。“许多城市民族志学者都将贫困接受为一个事实，”德斯蒙德写道，“而不是将其视为一个积极的项目，这个项目使身处其中的人远离田野工作者选择置身其中的真实的街角。贫困不是一个事物，而是一种关系。贫困不仅是过去和现在的关系，也不仅是‘宏观结构’和‘微观环境’之间的关系，它是赢家和输家、索取者和被索取者、管教者和被管教者之间的关系，这些关系都同时联系在一起。”（Desmond，2014：568）

德斯蒙德的观点是，质性研究者将贫困说成是一种既定事实，而不是一些人正在经历、而另一些人因有利可图而选择维持的东西，他们就已经输了。德斯蒙德从民族志方法论的这些观点出发，认为故事恰恰存在于集体行动中，存在于他所见的房东和租客的关系中，正是这种关系制造了根深蒂固的阶级和种族不平等。杰克·凯茨通过一个例子说明了德斯蒙德的观点：“因此，一个据说‘有一栋公寓楼’的房屋所有者其实什么都

1　写完这一段后，斯蒂芬去圣莫尼卡（Santa Monica）的一个农贸市场买柿子和花椰菜，看到一个在摊位间闲逛的人 T 恤上印着“隐喻与你同在”。这是工作生活和非工作生活难得的交汇时刻。

没有；他因为处在一个关系网中而获益，这个关系网中包括租客去赚钱的行为，维系着法院运行、使法院必须支持他收取房租的现有制度，负责驱逐非法占屋者的官员们每天都会穿上制服等。房屋所有者有的不过是与他人行为处于有利地位的关系，这些行为不断变化的、互动式的相互关联，为房屋所有者带来物质回报。”（Katz，2012：130）质疑成为“房屋所有者”的含义，揭示了大量的制度关系和社会关系，而简单地使用“房屋所有者”这个词却会掩盖这些关系。

所以，你的概念语言应该始终支持你的分析性观点。为了保险起见，用学术行话包装你来之不易的数据可能会很诱人。例如，你可以把租客和房东之间的微妙关系简化成社会网络术语，强调节点、边（edge）、自我的他我、他我和他我的边，等等，这样也许能够通过关系式思考得到一些东西，却不利于发挥质性研究方法在社会生活过程中近距离观察它的优势。

在写作过程中充分思考概念化的影响，可能会帮助你修正自己的分析，开始新一轮的溯因推理。当你开始写报告，开始整合数据，你一直在追求的理论创新可能不会一帆风顺。还记得第 6 章里我们写过的关于神经科医生问诊时有关预断的微妙信号吗？没错，如果你看看最终发表的版本（Timmermans and Stivers，2018），就会发现塔尼亚和斯蒂芬在那几个月里用来开展分析的那些轨迹（可能能够根治，也许能够根治，可能不能根治）并没有出现在最终稿中。发生了什么呢？在写作过程

（包括审稿过程）中，他们发现很明显没有办法摆脱像**不能根治**这种术语的污名化内涵。这个术语不可避免地充满道德意味，会影响一个概念应该完成的分析工作。在反复权衡过不同概念之后，他们认为**能够根治**能最好地反映第一个轨迹，患儿看到的是一个无须用药也不会有癫痫发作的未来；而**能够治疗**适合第二个轨迹，如果能够找到正确的药物治疗手段，可能能够治疗癫痫发作，但在可见的未来患儿需要继续用药。在第三个轨迹中，问题是通过药物治疗到底是否能够控制癫痫发作。因此，在最终发表的版本中，他们采用了**能够根治、能够治疗和能够控制三个轨迹**。可见，最终的版本摒弃了**不能根治**这个术语，而这个术语在整个分析过程中发挥了重要作用。修改过名称之后的类属好像缺少一种连贯性（连贯性是指位于同一个概念轴上），但这些概念同样能够反映每个轨迹中能够有所启发的东西，符合讨论中做出间接预断的乐观基调。这些改变是根本性的：主要概念发生了变化，所以概念之间的关系也进行了调整。

同行评议和溯因参与

溯因式的研究报告撰写需要内容和风格的紧密联系：无论是数据呈现还是理论构建，都要通过清晰严密的写作，用嵌入在文本中的隐性分析来支持显性分析。不过，这依然取决于用你的所写来说服读者。理论总是尝试性的，不过如果一个同行共同体对它的效用达成共识，就会在某种程度上更加保险。对此皮尔士说得很好，“科学不是站在事实的基石之上，而是行走在沼泽之上，只能说这块地现在看起来能站人。所以我将站着不动，直到脚下这块地开始塌陷”（Hartshorne，Weiss and Burks，1931—1958，《皮尔士文集》第 5 卷第 589 页）。你是能站得住还是很快沉入沼泽，取决于你的同行怎样评价你的作品，以及你是否能够战胜他们的质疑。在当代科学中，探究共同体表达自我的一个主要方式，就是通过同行评议的发表过程。

在本节中，我们将呈现审稿过程可能会引发的新的溯因思考。为了触及你所渴望的受众，就必须从一个看门人眼皮底下溜过去：二号匿名审稿人。

一个期刊的审稿人知道能够决定发表的编辑会读到自己的评语。这是一种有目的的、评估性的沟通行为，关于长度、细节和适合的目标群体，都有自己的一套没那么严格的标准。同时也有非常实际的关切。图书和期刊编辑通常总是面对拒稿的压力，他们收到成百上千份投稿，但只能发表其中很小的一部分。与你想象的不同，审稿人是编辑在**应对**可能发表的作者时的第一道防线。作者和审稿人是在发表的作品、编辑的决策和审稿意见这个三角中协商确定他们的关系。

尽管审稿人的角色很关键，但令人惊讶的是，我们对他们怎样审稿却知之甚少。鲜有的有关他们的把关行为的研究之一，是斯特凡·赫肖尔（Stefan Hirschauer）在担任一个德国社会学通论期刊编辑时有关编辑决策的研究。这个期刊很特别，会定期组织编委会会议，5 位编辑在会上基于审稿意见共同做出决定。赫肖尔得到允许记录评估过程，也能接触到已发表的文章的审稿意见和编辑投票。让一个人审议一份稿件是一种义务，审稿人希望有愉快的体验，但也担心自己会失望。令赫肖尔感到震惊的是，这些审稿人把自己阅读稿件的喜悦或折磨转移到对这份稿件的评价中（Hirschauer，2010；关于把关行为的更多内容参见 Clayman and Reisner，1998）。审稿意见中渗透着他们的亲身体验：阅读是有趣的、混乱的、令人愤怒的、愉快的、可以接受的。审稿意见反映的不仅是从阅读中得到的智识观点，还有阅读一份过度紧绷或行文流畅的稿件的体验。出于这个原因，既要确保内容和写作风格保持一致，又要让你的作品拥有引人入胜的阅读体验。此外，如果你有任何怀疑，请摒弃令人窒息的学术行话。

你觉得自己的文本是支持自己论点的团结统一的盟友，但赫肖尔观察到，审稿人很容易在你的盟友队伍中找到漏洞。你文本中的任何东西都可能会用来反对你和你的整个论点，哪怕只是一处小小的夸大其词或一个语法错误。在缺乏背景的情况下，这会让人质疑整个项目。还有，探究共同体并没有普遍接受的评估标准。与其把标准视为用稿或拒稿的理由，不如看成是受民族志方法论启发的新制度主义者的审稿规则，看成是动用的一种修辞资源，最终成为做出拒稿或接收某个决定时的有效论点。每个定期发表文章的人，都会抱怨审稿过程的反复无常。

然而，即使标准常被用于证实因其他原因而做出的决定，审稿过程也不是完全不可预测。在社会科学写作中，理论框架和理论贡献常常让研究者感到困惑。米歇尔·拉蒙特（Michèle Lamont）在观察基金评审委员会时，发现 75% 的成员提到理论和数据分析之间的关系是基金申请书的一个重要方面（Lamont，2009：182）。米沙·特普利斯基（Misha Teplitsky）在研究已发表的量化研究论文中同行评议的作用时，对比了在美国社会学协会（American Sociological Association）上展示的文章和发表在《美国社会学评论》（*American Sociological Review*）和《社会力量》（*Social Forces*）这两个主要社会学期刊上的文章。他发现理论框架总是会有实质性的变化，而数据分析的变化却相对没那么显著。“这一发现表明，同行评议的主要作用可能是激发作者调整理论框架，但保留大部分的数据分析。”（Teplitskiy，2015：266）换句话说，量化研究论文的理论框架是在同行评议过程中集体协商确定的。

那么质性研究呢？

与其猜测质性研究论文的一般性审稿过程，我们不如来关注发表在社会学领域两个顶级期刊之一上的一篇质性研究论文的例子。在《美国社会学评论》或《美国社会学杂志》(*American Journal of Sociology*)上发表质性研究论文很有挑战性。这些期刊的态度根据轮值编辑对质性研究的接受程度而摇摆不定。于是，金伯莉·凯·黄(Kimberly Kay Hoang)2018年发表在《美国社会学评论》上的文章《风险投资：本地和外国投资者如何应对充满腐败的新兴市场》("Risky Investments: How Local and Foreign Investors Finesse Corruption-Rife Emerging Markets")就是个引人注目的壮举(Hoang，2018)。然而，这篇文章的理论贡献在审稿过程中发生了巨大的变化，以至于黄告诉我们，理论贡献来自她和审稿人的对话。她人很好，给我们看了最初提交的稿件——她在整个审稿过程中收到的意见和她所做的修改。她远远称不上独特的经历表明，在审稿过程中，分析、理论框架和学术贡献都可能发生变化。

起码基本话题没有变：黄访谈了越南新兴房地产市场的投资者，聚焦达成交易所需的社会关系的类型。在文章的最初和最终两个版本中，她都审视了三种商业房地产投资者，即本地开发商、东亚其他国家的投资者和西方投资者，以及他们与本地政府官员的关系。她的研究从一开始就包含几个溯因时刻。例如，考虑到投资新兴市场的财务风险，黄以为外国投资者会在房地产行业中起主要作用，然而外国投资者进入得比较晚：本地行动者主导了房地产市场的土地收购和早期开发阶段。于是，黄必须调整她的抽样策略，以覆盖更加多样化的投资者群体。然而，改变溯因分析中最重要的推动力，来自审稿过程。

这篇文章提交的第一稿把社会网络理论与经济交易中的关系运作（relational work）概念联系起来。从社会网络理论视角出发，黄使用了中间人的概念，他们联系两个没有直接关系的行动者，从控制信息中获得好处和经济利益。虽然网络分析能够解释中间人的行为，黄认为这种方法不能揭示社会关系的实质性内容，即人们怎样撮合交易，以及影响交易撮合过程的更广泛的文化和结构性因素。再来看看关系运作。这个概念审视了人们怎样管理经济方面的人际关系，强调人与人之间或群体与群体之间的社会关系、基于这些社会关系的经济交易、不同的交换媒介，以及这些关系的社会道德含义是关系运作的显著特征（Bandelj，2012；Zelizer，2005）。基于她此前有关越南酒吧性工作者关系运作的研究（Hoang，2015），她预期的理论贡献是通过具体说明房地产市场交易撮合策略中的差异和产生这些差异的条件，来丰富关系运作的内涵。

为此，她提出了三种理想类型的投资者，即内部投资者、外部投资者和外围市场行动者，并认为他们使用不同的交易撮合风格（直接、斡旋和间接），不同的风格反映了他们在越南房地产市场中的地位。黄具体描述了影响交易撮合可能性的 5 个结构性条件：全球和本地法律环境、交易频次、交易规模、关系的持续时间、信息的获取渠道。

她在 2009 年到 2016 年间开展了长达 12 个月的民族志研究

和 78 次访谈，对比了本地开发商、来自东亚的投资者和欧美投资者在越南达成商业房地产交易的方式。她的研究表明，政府官员和本地开发商基于礼物和包括贿赂在内的好处，建立起紧密的友谊。他们避开了法律体系，因为跟法官关系最好的人反正总会在冲突中获胜。她引用了莱纳-沃斯（Lainer-Vos）的著作（Lainer-Vos，2013）来支持自己的观察结果，即回报分散在不同时间，表现为昂贵的钱包，或是随后可以兑换为现金的票券，以模糊礼物赠予和贿赂的界线。随后她讨论了西方投资者，表明他们受欧洲或美国法律体系认为贿赂是非法行为的限制。西方人很少搬到越南。他们的投资时间很短，由股票市场的周期决定，目标是快速获利。他们的交易相对较少，几乎从来不会在早期参与开发项目。他们通过本地的中间人来做缓冲，例如公共关系机构和律师，通过他们与本地开发商和官员建立联系以获取许可和批准，有效地转移了贿赂和腐败。

在这两个群体之间的是东亚开发商，例如韩国人，他们与中央政府官员建立起直接的关系：他们说越南语，与有政治背景的越南合作伙伴结婚，也会参与礼物和好处的交换。他们的时间表也比西方人更加关注长期性：他们举家搬到越南，雇佣有本地关系的人，比如本地精英那些受过大学教育的儿女，并邀请本地精英投资他们的项目。如果这些投资出了问题，那么本地官员也跟他们一起完蛋。黄总结道，这三个投资者群体都是中间人，但是达成交易的方式完全不同，她的民族志工作的价值就在于从 5 个结构性维度上进行了中间人的分类。

黄将这篇文章寄给《美国社会学评论》，焦急地等待审稿人对她稿件的评价。结果好坏参半。审稿人喜欢她近距离的质性研究，也看到了分析的巨大潜力，但认为稿件“框架有问题”。如编辑在信中所述：“读者会告诉你，你在围绕错误的线索做文章。”审稿人认为“关系运作”不是能够得出假设和预测的理论框架。黄所提出的对关系运作内涵的拓展，并不是多大的理论贡献。

三个审稿人罕见地一致投票建议黄，让她详细阐述加布里埃尔·罗斯曼（Gabriel Rossman）和丹·莱纳-沃斯（Dan Lainer-Vos）有关通过道德上模棱两可的操作实现不光彩的贸易的研究成果，她在最初的那个版本中对此只是略有提及。这将使研究焦点从撮合交易转变为分析新兴市场的贿赂和腐败。事实上，编辑和审稿人不觉得黄定义为中间人的这些群体做了多少中间人的工作，甚至认为只是指出中间人工作的差异不足以发表。黄需要证明这些不同的交易撮合策略会怎样影响结果，即不同的房地产交易。《美国社会学评论》的编辑让她**修改后再次提交**，但提醒她文章可能不会通过，因为要对原始稿件进行彻底的修改。[1] 他们警告说，如果稿件只是局限在经济社会学方面，他们将会拒稿：他们需要能够吸引不同受众的东西。

1　我们希望编辑不要再告诉作者他们的论文可能无法通过。这是令人沮丧的建议，对作者没有帮助。

很少有学者能够拒绝《美国社会学评论》的改稿机会，黄抓住了这个机会。她告诉我们，她最后花了 3 个月阅读罗斯曼和莱纳–沃斯的著作，思考怎样把他们的成果应用到自己的研究中，以及她可以在自己的研究中增加哪些内容。罗斯曼描述了人们用来模糊不光彩或不合法交易的 3 种策略：礼物赠予、捆绑交易（把光彩的和没那么光彩的交易打包在一起）和中间人交易（找一个第三方来承担交易责任）（Rossman，2014. 另参见 Schilke and Rossman，2018）。如果有人调查贿赂，这些策略能够为行动者提供看似合理的否认理由。这是一个完全不同的、更加聚焦她所讨论的交易类型的框架，实际上是把她稿件中的一个小问题转变为重大的理论和经验主题。可是仅仅阅读这些新的文献还不够。黄认识到，因为她没有基于这个围绕贿赂和腐败的框架来收集数据，她得再问受访者一些不同的问题。于是她回到越南进行补充研究，进行了额外的访谈（最终发表的文章是基于 100 个访谈），问受访者为什么选择这一种交易策略而不是那一种。这样做，她又得重新分析原有的和新增的观察结果。

在最终发表的文章中（在有条件接收她的文章之后，还进行了第二轮审稿，不过第一轮审稿已经奠定了最终发表的文章的基础），黄将自己的贡献描述为“通过提出一系列新颖的问题，特别是一个行动者可能选择一种擦边策略而不是另一种，以及行动者与政府官员的关系可能会怎样影响不同的策略”

盖了最初版本中顺带提及的那篇文献视野中的一个不同的意外发现。所以，审稿过程对分析进行了彻底的改造，开启了一个新的溯因分析周期。

我们不想让读者觉得审稿人总是对的，应该屈服于他们。当审稿人建议补充数据分析或理论框架时，是在给你出难题。他们是看门人，忽略他们的评论可能会导致你的文章没法在那个期刊上发表，但竭尽全力地迎合他们可能会使你的文章变得扭曲。审稿过程看起来是在学术群体中加入一定的保守主义倾向，在拥有丰富传统的领域尤其如此。这可能与溯因推理激发理论创新观点的目标相悖。看门人寻找的是与他们预期相符的分析，如果你必须从他们的眼皮底下溜过去，怎样才能开展创造性的理论工作呢？这难道不是一个鼓励渐进式变化的体系吗？没错，如托马斯·库恩（Thomas Kuhn）所述，科学的本质张力是，坚持研究传统能够增加发表的可能性，但等于放弃了原创的可能性（Kuhn，1962）。这是一条可靠的职业道路。采取更高风险的策略，可能会导致更高的拒稿率。

然而，同样的审稿过程也会推动知识体系发生巨大的变化。原因不是这些文章能骗过审稿人，而常常是因为研究发现和理论贡献真正具有开创性。审稿人和编辑不会把创新拒之门外，他们在读到改变某个领域的基本假设、方法上勇于尝试或是解决了一个长期存在的谜题的稿件时，也会有激动的反应。审稿人会在有的稿件上写下他们等不及看到文章付印，或者编辑会找人写评论文章以强调文中观点的原创性。再或者，审稿人可能会在同意发表时有些犹豫，但会有一群读者认为文章的启示绝对是醍醐灌顶，开始分享和宣传文章中的想法。我们永远不会知道有多少革命性的文章从未能发表，不过的确有的已经发表了。如果一个更具创意的策略成功了，可能会带来更大的回报。创新是一场冒险的赌博。福斯特（Foster）及合作者们研究了 650 万份生物医学领域的文章摘要，发现其中的创新策略的确很少见，但带来的职业和科学回报却更高（Foster，Rzhetsky and Evans，2015）。[1]

于是我们看到，为什么以发表为目标的投稿可能会开启又一个溯因回路。编辑和审稿人是一个相关利益者组成的智识共同体的代表，也是文章发表的看门人，在形成分析的过程中发挥着建设性作用。如科学的早期观察者卢德维克·弗莱克（Ludwik Fleck）所述，科学经验不仅是个人的，也是集体的［Fleck，1979（1935）］。质性研究者的思维模式详细说明了什么才是有说服力的证据、因果推论以及合适的引用文献。你参与的这种学术文化充满了心照不宣的、不成文的规则（Knorr-

1 顺便说一句，这里有个职业建议：你的目标不应该是稿件在第一轮审稿之后就被接收。你的目标应该是稿子足够好到可以修改后重新提交。你应该用审稿人的建议来完成最终的分析。如果以直接接收为目标，可能意味着你的分析写得过多。

学习应对被拒稿是这份职业的一部分。大部分研究生都害怕被拒稿，但拒稿也是个好消息，意味着你有一篇文章可以重新投稿。

Cetina，1999），与看门人的交锋决定了你的工作成效。

文章和图书

到目前为止，本书的章节大多假设你要写的是一篇文章，而不是一本书。这样的假设是基于一些很好的理由：质性研究者写的文章比书多得多，文章只需要用到你数据中更小的部分，写文章是大多数人学术生涯的主要工作。而书则是内卷的工程，写作过程通常也长得多。例如，从我们真正开始动笔的那个时刻到出版，本书花费了我们 5 年时间。[1]

我们写作本书时都是期刊编辑，[2]我们可以发表一篇有趣的文章，与小众的读者群体对话。图书出版商却没有这种奢侈。[3]他们需要一本书能够触及一群会买书的受众（其中最受欢迎的是能用在教室中的书）。如果给他们发送你的写书计划，他们会查一下类似的书的销售数据，评估你想写的书是否值得他们投入时间和声誉。你在出版图书时不会有那么多次机会：你第一本

1　当同事们告诉我们他们想写一本书时，我们会告诉他们写书极其花时间，还会有机会成本：你写书的时候，就不能做其他的事。第一次写书的作者们，也不能确保自己能找到出版商。因此，在你决定开始写书之前，门槛应该设得非常高。

2　斯蒂芬是《社会科学和医学》（*Social Science and Medicine*）的编辑；伊多是《社会学理论》（*Sociological Theory*）的编辑。

3　出版商用一些方法来降低风险。在某些情况下，甚至连学术出版社（不仅仅是压榨作者的出版社）也会让作者补贴出版过程，从而抵销部分出版成本。

书的销售数据，决定了一个出版商会不会有兴趣再次与你合作出版。

相比同行评议的文章，图书对网络的依赖程度也要高得多。理由大多很现实：找到审稿人对整部书稿进行详细的评论更加困难。反过来，这也意味着图书编辑在决定把哪个书稿送去评议时，面临着比期刊编辑更难的选择。期刊编辑就算怀疑一篇文章通过同行评议的机会，也可能会把它送去外审，但图书编辑通常不会这样做。虽然图书编辑会阅读他们收到的书稿，他们还是需要其他方面的保证才能做出决定。声誉是一种保证；认识编辑信任的一位作者，这位作者可以担保书稿的质量，是另一种保证。大多数学术图书出版商都不愿承担风险：虽然他们被大量的出版计划所淹没，但实际上很难找到足够的书来出版，因为很少有书稿有可能触及广泛的学术受众。[1]

最后，图书比文章更具特色。期刊文章是一种边界分明的体裁。在这个体裁的范围内，你有很大的自由度，但你最好包括引言、文献回顾、方法部分、两到三个发现和总结。很少有文章会打破这种定式。期刊文章写作的创造性，很像是写作古典俳句的创造性。你知道需要有多少句、多少音节，你知道需要表示季节的季语，其他的可以自由发挥。图书则更像现代诗。

---

1 一些出版社，甚至是一些学术出版社，什么都出版，但把图书价格定得很贵。他们通过卖给全世界的图书馆几本书就能赚钱。这会令人沮丧，因为你的书不会到大多数读者手中，高昂的成本会令课堂应用望而却步。

你还是需要遵循许多传统，但比较容易打破这些传统。例如安妮玛丽·摩尔（Annemarie Mol）的书《身体的多重性》（*The Body Multiple*），每一页都分成两个部分，上半部分更多的是民族志，下半部分更多的是理论讨论（Mol，2002）。与文章相比，图书更加依赖“说故事，而不是讲道理”的生存格言。

话虽如此，在写过几本书又看过许多书之后，我们会说，图书能够用某种与期刊文章不同的方式产生意外发现。有许多书的结构就像系列文章。伊多还记得他刚成为助理教授时，让一个学生用出版的标准去阅读他的博士论文。几周后，这位学生回来开心地告诉伊多，唯一让其中的章节联系在一起的东西，就是封面上的胶水。他说得有道理。但这就是质性研究博士论文不能成书的原因（也是伊多又花了六年时间才从博士论文到这本书的原因）。一本好书要有宽泛的叙事框架。在第三章写到的东西可能要在第六章中有所呼应，在第四章出现的小谜题可能到第五章就会受到关注。一本好书已经为主题和叙事发展设计好了故事线，作者会创建一个逆向的提纲，确保每个段落、每个章节都有助于传递核心信息。

从这个角度来看，一本书为作者提供了更多的空间来定义谜题，也提供了构建一个更详细的解谜方案的可能性。这些理论谜题是吸引读者的一种方式。我们有机会将几个理论谜题相互联系起来。从这个意义上说，一本书的分析结构有点像填字谜题的分析结构，这一部分的解谜答案为解决下一部分的谜题奠定了基础，也决定了下一部分的解谜答案（Haack，1997）。一本书也使溯因式作者能够嵌套这些谜题，这样比较小的谜题的解谜答案就能成为更大的谜题的解谜答案的一部分。

有读者吗?

让我们假设你的文章或书马上要问世了。现在做什么呢?最好的情况下，读者们会拿起它并读进去。尽管你在认真地与读者对话，但对他们将如何接受你的成果却没多少掌控力。[1]你可以在社交媒体上、在部系交流中宣传自己的研究，但最终你的成果都会以自己喜欢或不喜欢的方式，被再次应用到正在进行的学术对话中。

要认识公众曝光如何体现溯因推论潜力的迭代过程，方式之一是拓展伊恩·哈金（Ian Hacking）的自固理论（looping

1 在写作过程中你选择读者，在面世之后则是读者选择你。当你阅读文献时，当你聚焦主题时，当你构建能够应用到其他研究项目的理论时，你可能一直把读者想象成一群看不见的伙伴，从你身后看着你所做的一切。试着想象什么能让他们产生共鸣。如果你想写能用在课堂上的内容，就不仅要考虑教授，还要把你的话题与本科生的关切联系起来：什么能让他们从社交媒体的沉睡中活跃起来，并激发辩论?如果你是为你所在领域的专家而写，任务就有所不同：你投身于持续的对话，要向这个群体展示你对他们感兴趣的理论细节的熟悉程度。如果是一般的社会学受众，你需要写能够覆盖各个子领域的东西，与更广泛的、共同的关切对话。不要先动笔，再指望找到受众。你要有意识地决定为谁而写，然后再为他们而写。学者们在某种程度上是以写作为生。我们有安全网，即使我们不写作或没有人读我们的成果，我们常常也不受影响。为了让你聚焦，想象一下没有这样的安全网，你的生计依赖于你撰写有受众的内容的能力。

theory）。哈金从科学创建了人的类属这个观察结果入手（Hacking，1991，2007a，2007b）。当科学家发明了新的类属，例如精神病学家引入多动症（ADHD）来诊断好动的孩子时，我们就是在“构造”人。学校里总是会有一些坐不住的孩子，但贴上多动症的标签会使这些接受医学观察的孩子成为一个独特的类属，他们有了共同的症状、治疗手段和监测方式。一旦多动症的标签被广泛应用，这些孩子看待自己的方式和其他人看待他们的方式都会发生变化。从这个意义上讲，一个类属就是一种新的、有共同特征的人类。有自杀倾向的人、无证移民或天才等科学类属，有助于我们界定、研究、理解、模仿或控制他人，同样出于这些理由，个体和社会运动会抵抗这些标签，如欧文·戈夫曼所述，这样的抵抗也会在无意中强化了这些标签（因为反对一个标签需要承认这个标签的存在）（Goffman，1963）。

这种科学类属不是自动的、统一的：人们会按照这些科学类属来行动。人们会为了自己的目标去利用和影响这些类属，围绕这些类属而团结起来，并在这个过程中改变这些类属。此外，一项科学调查改变了这些人：其中包括有关人的类型的知识积累，对他们进行制度分类的过程，新的专家和新型专业知识的出现，以及对类属的完善。因此，虽然标签抽象了具体属性，但科学分类就像移动靶。哈金将标签应用和使用的迭代及递归效应，称为自固效应。标签会循环返回到标签自身，改变了我们对于成为某个特定类型的人的边界和特征的认识。

如丹尼尔·纳文（Daniel Navon）所述，自固效应不仅限于人类：当遗传学家把一种疾病与一种基因突变联系起来时，由此产生的研究可能会彻底改变这种疾病的性质（Navon，2011）。这种疾病的类属会开始“游荡”并在游荡的过程中获得新的属性：改变人们认识自己以及专家认识他们的方式，改变我们对人口中疾病发生率的理解（Hacking，1998；Paul，1997）。

我们可以把这种推理模式再往前推一步：哈金的动态唯名论（dynamic nominalism）强调，给事物命名是有后果的；没有什么知识能够独立于创造它的条件而存在，或是摆脱自固效应。反之，类属通过理解和使用而随着时间不断变化。

在创新性的质性数据分析中，也会有同样的变革性的自固效应。概念化是命名、贴标签和抽象相关属性的一个例证。理论化意味着将概念组织成一个叙事论点，解释事物之所以是现在这样的原因和方式。然而，这些理论是有生命的，它们存在于是否被概念化、概念化的方式、可迁移程度以及对其他人研究的启示之中。对质性研究者来说，或者说对于任何研究者来说，自己的成果最糟糕的命运就是被忽视。一个找不到受众的理论，只是没有生命的手工艺品。

结　论

研究报告撰写是一个常常被忽视的质性数据分析过程，在这个过程中，作者面对着电脑屏幕和键盘，做出有关数据选择、呈现、命名、组织、结构化和理论化等数不清的决定。每个决定都会影响到写作本身是会支撑理论贡献，还是会模糊理论贡献。我们已经讨论过修辞溯因，这是一种文本组织方式，把意外发现和已有理论成果的期望摆在一起，以此来凸显意料之外的研究发现。写下一个论点并阐述经验型意外发现的理论启示，是个重要的理论创新萌芽时刻。一旦写下来，有的观点可能就不会像想象的那么有创新性，或者你可能就会意识到需要阅读一大堆不同的文献来捍卫自己的论点。也许你需要回过头去填补分析中可能会有的某些空白，弄清楚你的受访者怎样看待你正在写的这些事件。写作意味着把自己投身于一个探究共同体中，可能会促成又一轮溯因分析。

当你的文章或书被送去外审时，如果审稿人不接受你的数据、你的意外发现、你的理论框架或你的贡献，可能需要开始又一个溯因分析周期。可能要修改报告的整个数据部分。在某些情况下，最终的理论观点会是作者、审稿人和编辑的共同成就。

撰写研究报告的过程，让你能够在定稿前这段宝贵的时间中，根据受众能够从你的成果中得到什么的预期，对自己的理论进行调整。用符号学的术语来说，你的愿望是拥有一个透明的符号：一个不需要多少额外信息，无须依赖它的经验来源，就能传递自身含义的符号。撰写报告并接受反馈，能够证明你的工作有多透明。当然，符号总是有许多意义，而你的目标是限制它的诠释范围。在发表和出版过程中的编著往来，能让你隐约感觉到自己的成果是否能够找到受众，能让你给自己反馈。[1] 所以要好好写。

1 本章的关键信息是，在向世界展示你的文本之前，应该寻求他人的意见：请同事和朋友阅读你的素材来加以检验，如果觉得写不下去了或对所写的内容有疑虑，请导师和前辈给予反馈，就算你觉得读者完全理解错了你的文章，也要认真对待他们的评论。理解错误是可能的，但至少表明你应该努力让自己的论点更加清晰。因为每个人都在给自己的成果寻找读者，你应该成为一系列交换关系的一部分：建立一个写作小组，组织一个关于你的书稿的工作坊，然后通过评论下一组学者的成果来"把爱传下去"。关键在于找到正确的那种读者，那种能够从凌乱的草稿中找到隐藏的小小的宝石，并给你鼓励和指导以帮助你打磨的读者。

第9章

溯因进行时

天堂之门（Heaven's Gate）是一个带有基督教色彩的不明飞行物（UFO）邪教组织，由一个有魅力的领袖领导。这个组织的成员相信，当海尔-波普（Hale-Bopp）彗星经过地球时，会带来一艘太空飞船。如果他们离开自己的肉身，也就是他们所称的容器，一架UFO会带着他们的灵魂实现超人类的存在，使他们得到救赎，升入天国。在39个成员用混有苯巴比妥的苹果酱集体自杀前的5个月，他们购买了外星人绑架险，会给50个成员每人赔1000万美元。承保范围包括被外星人绑架、因外星人受孕和死亡。外星人绑架险是真的（虽然是个噱头）：一家公司卖出了3万多份保单。它甚至还支付了一笔索赔，虽然不过是在1000万年间每年赔付1美元。

这不是本书能够提供的那种绑架保险（abductive[1] insurance）。要是真这么简单就好了。如果保险是对冲损失风险的，那么质性研究中的风险，就是你的研究将会是徒劳的，你

1　绑架和溯因的英文都是abductive，这里表示双关。——译者注

花了这么多时间收集和分析数据，却没有得到多少成果。虽然没有办法担保你能够为自己所在领域的学科辩论贡献一点有价值的东西，不过这样的结果应该非常罕见。如果你在自己的子领域之中和之外广泛阅读，如果你努力想从数据收集、分析和写作中凸显数据中的意外发现，那么就应该能够做出贡献。本书概述了你能够用于研究项目设计和开展的方法，通过为数据和理论意外发现的发生所创造的有利环境，以确保你不会无功而返。

我们的出发点在于，开展研究是为了找到我们不知道或不确定的东西，任何研究的一个重要方面都是理论贡献，而我们想发挥质性研究的方法论优势，推动理论建构。我们怎么强调这些出发点都不为过：如果你的研究目标是收集一些能说明问题的引语，证明你喜欢的理论家是对的，或支持某个意识形态议程，那就跟我们的目标截然相反。我们的研究设计是为了发现一些意想不到的东西。我们基于现有文献，在大量的数据中寻找分析模式。

让我们回想一下分析过程中都发生了什么。质性数据分析的目标是为**这个数据能够成为什么理论的案例**这个问题找到答案。溯因分析是一种以理论构建为目标的科学推论逻辑，包括在数据和理论之间的递归过程。溯因推论是指出现意料之外或出人意料的发现时，初步猜测自己得到了哪种理论的案例。如皮尔士所指出的，溯因推理本身是不够的：你可以想出太多种可能的推论，都有可能能够解释你数据中的意外发现。因此，溯因推论是一种仍然需要检验的假设。

溯因分析是迭代式研究周期的一个组成部分，同时包括了归纳和演绎两种推理形式。归纳是在数据中寻找普遍化外推、模式、异常和突出的主题，以检验溯因推论；而演绎则是详细阐述假设，以收集更多的数据。归纳基于新的观察结果的累积，使我们对一个理论建立信心；演绎是基于一个理论，告诉我们可以有怎样的预期。通过把某一类经验现象归入新理论的应用范围，并调整理论范畴使其更加适合于我们从理论上堆在一起的经验现象，就推动了理论的发展。通过数据与已有的概念化和新的概念化的对话，溯因分析中会出现新的理论论点。

溯因分析的递归性和迭代性不仅会产生理论线索，也会筛选这些可能的理论线索。虽然有的溯因推论能够生成理论，但比起最终实现理论建构的好想法，死胡同或一开始就走错的情况更多。你用新的观察结果检验新的溯因假设，进一步提高所构建的理论框架和你的描述所解释的观察结果之间的契合度，这是你剔除溯因线索的主要方式。研究者会有意识地收集反面案例，逐步重新定义要解释的现象，使其符合解释性理论因素。

我们的方法聚焦的是溯因推论时刻，如果归纳和演绎是跷跷板的两头，那么溯因就是这个跷跷板的支点。我们认为，在理论上和实践中，溯因推论都是能够培养的。本书的目的，或是更广泛的溯因分析的目的，一直都是通过洗牌来使牌面有利于理论建构，这样理论性意外发现出现的可能性就更大。理论创新并不会出人意料地凭空跳出来，而是需要理论和方法的培养。在理论上，你要收集可能能够为自己的研究提供方向的概念地图，尝试不同的理论指南针来指引项目的方向。其中既包括你的子领域中的特定理论，告诉你可以有哪些实质性期待，也包括告诉你社会生活是怎么组织的、更广泛的理论。你常常会受那些第一眼看上去跟你的发现关系不大的理论地带的启发更大，它们会让你思考相似性和差异性。在数据分析班上，我们可能会读一些有关网络社群的理论文章，然后从中找出一些与虚拟世界或虚拟社群没什么关系的项目可能会相关的想法。在媒体培训中，这叫作搭桥（bridging）。无论记者问的是什么问题，你都要把答案转到自己想要表达的观点上。在研究中，你没有类似的发言要点，但有需要发声的数据。所以，你得到处寻找可能能够帮助你推动理论的东西，而不是局限于熟悉的理论领域。埃弗里特·休斯（Everett Hughes）曾指出，你可以通过研究精神病学家来了解妓女，这两种人都需要很谨慎，不能对带着亲密问题来找他们的人产生依恋，也都需要对客户不可见人的信息保密［Hughes，1971（1945）］。你阅读的文献中理论观点越有力、越深刻，你就越有可能受到启发。

从阅读回到设计，我们认为溯因式研究要求我们不仅要以不同的方式来审视自己的观察结果，还要求我们以新颖的方式来收集这些观察结果，数据中才会出现意外发现。如果我们想要通过研究的组织来允许甚至鼓励意外发现的出现，就需要认真思考研究的开放性（为意外发现的出现提供途径）和我们随后构建有意义的差异的能力之间的关系。民族志观察结果经过仔细打磨，能够揭示不同情境之间的社会机制，但常常过于分散，不能提供连贯的叙事。访谈能够了解个体和集体的视角，但很快就会结束，也就终结了意外发现出现的可能。

因此，民族志的挑战在于聚焦于项目，因为就算在一个场景中，事物也有无数差异能够去观察，而时间花在哪里、花在谁身上，则常常是个僵化的选择。聚焦式田野笔记能够最大限度地推动描述，避免华而不实的归因，密切关注观察到的互动次序。分析性田野笔记会提醒我们社会过程、摩擦和集体行动。要对田野笔记的目标保持敏感，通过田野笔记来推动推理过程，可能需要你把自己的观察聚焦在每天都会出现的特定问题上，以进行澄清或阐释。你给自己行军号令，告诉自己接下来要寻找什么，跟进一个开始萌芽的主题。而访谈的挑战在于访谈提纲要足够去焦，以使意外发现能够出现，同时还要注意不同的访谈要用相似的方式去焦处理，这样才不会因为太晚才发现自己问了错误的问题，而卡在一堆无法评估的令人回味的摘录上。意料之外的研究发现如果没有差异，就没有分析的意义——主题没有显著性，我们的分析就没有前途。

大多数人认为，质性研究的数据分析会用到编码技术。但只有当你的理论储备很好，观察结果也很出色，编码才有意义。

编码陷入了神秘主义的泥潭：有多少本质性数据分析的书，就有多少种编码方法，每一种都声称对分析有所启发（Saldaña, 2015）。这应该能够说明，编码数据片段没有一种永远正确的方法。另外也表明，只有编码还不足以成为数据分析。你还需要坚实的理论基础、有力的数据和方向感。不过，编码能够帮助你在不同的理论地图中找到自己的位置。从本质上来讲，编码不过是一个系统过程，在这个过程中可以慢慢阅读、慢慢反思你的观察中有什么、这些东西怎么帮助你生成更大的论点。

我们列出的两种编码方式，可能适合不同的项目，也可能适合同一个项目的不同分析阶段。第一种编码方式，即我们受实用主义启发而构建的自己版本的开放编码，是用“谁做了什么、何时、何地、何种方式、有何后果”来审视你的观察结果的过程，使你能够追踪相关的行动者和过程、结果、行动。这样的追踪能帮助你从数据中发现模式、寻找差异。这是一种不错的方法，能使你搞清楚自己的数据中有什么，并检验访谈和观察结果的说服力。这种编码方法可以与更加完善的聚焦编码交替使用，当你对数据中有研究潜力的主题比较有信心时，可以使用聚焦编码。然后，你挑选一个能够反映那个主题的指标案例，系统性地审视自己的观察结果，找出相关的案例。

无论是哪一种编码过程，只是展示现象中的差异、构建各种表现形式的分类或把数据分得更加精细，都不足以构成理论。如基兰 · 希利（Kieran Healy）所述，给现有的理论补充一些小小的差异常常会适得其反，因为理论化的重点是抽象不同事物或事件的细节，创建诠释性的普遍化外推（Healy，2017）。理论建构超越了案例，就什么才是重要的下了一把赌注；增加更多的变量或细节，是在用特殊性来限制理论。好的理论常常很简单：它不能为每个人反映每件事。事实上，如果试图这么做，理论就会慢慢地变成描述。经典社会理论家的一些最有影响的观点，不是细致入微的讨论，而是对基本社会过程或反复出现的张力的描述。

为了加深你对自己研究的社会世界的理解，也为了发掘可能的意外发现，一种靠谱的办法是寻找不同的人、情境或过程之间的张力。从参与原则的概念出发，即需要认真考虑我们所研究的人的关切，我们认为这种张力能够凸显不同时刻、情境以及行动者或制度之间的不一致。聚焦这种张力，有助于我们看到权力是怎样产生的，哪些生命历程中的困境会成为社会生活的模式。关注张力让我们理解自己研究的社会领域的特质，即人们怎样产生和应对问题。

第 8 章也许最出乎你的意料。我们认为，以发表为目的撰写分析报告，本身就是一种分析行为。选择叙事视角，决定哪些数据片段能够呈现，怎样打造一个读者可能会关心的人物，怎样决定怎么回复审稿人，你想吸引哪些受众，这些都是分析性工作。你的文字就是一幅分析图景点彩画上的点。每个遣词、用句、段落，都会使读者形成不同的分析印象。例如，选择谈论张力而不是控制，这一点很重要。这些隐喻会唤起不同的联想，具有不同的理论功能。如拉图尔所述，将你的成果呈现给读者，是对分析能力的考验。[1] 这个隐喻也适用于将你的写作呈现给审稿人和一般读者，进行观点和理论筛选。这些观点和理论，有的会通过不同学科的引用而传播，有的会在专业圈子中发展壮大，还有的则会消失在数字图书馆中。

溯因分析消弭了社会研究中理论发现和理论证明的界限。更重要的是，溯因分析意味着你需要以不同的方式开展研究。我们的立场是，你所知道的理论不能完全覆盖你的观察结果。观察结果会与你的概念储备相悖，这样的矛盾正是产生意外发现的机会。另一个影响是，研究既要深思熟虑，又要机动灵活：像民族志这样过于灵活的方法中，你可能需要建立一些约束条件，避免收集到分散而又无关的观察结果；而在访谈研究中，你可能需要更加灵活，即使觉得一个主题可能会有研究潜力，也不要因此而局限于相应的问题。换句话说，你需要以不同的方式设计自己的研究，审慎地在聚焦和去焦时刻之间交替；你需要以不同的方式思考在哪里构建起观察结果的差异。我们甚

1　Latour（1987）. 不过等一下。“能力的考验”听起来有点激烈。这个隐喻是从哪里来的呢？能力的考验在古斯巴达（Sparta）非常流行，普鲁塔克（Plutarch）记录道，年轻男性从婴儿时期开始就会暴露在风吹日晒之下，接受吃肉和面对黑暗的训练，以培育他们的精神（这能够说明你应该知道你使用的隐喻来源及含义这个主题，比如“能力的考验”。其实，普鲁塔克写的是“能力和智慧的考验”，因为斯巴达人也重视敏捷的头脑）。

至建议，你得用不同的方式阅读和写作。

什么意外发现？什么理论？

如果社会科学是一种对话，那么本书就应该归类为**怎样成为一个更好的对话伙伴**。当然，这个问题的答案比这种指南书所呈现出来的要难得多。需要数年的努力阅读、研究、处理数据、写作和重写，才能进入一个理论对话，而不仅仅是别人故事逐渐消逝的回声。

意外发现是理论对话的开始，但有了意外发现，还不足以成为有吸引力的对话者。你还是可能只会喋喋不休，重复一句好记的开场白。意外发现使你有空间谈论一个话题，理想状况下能够开启对话，让他人听听你想说什么对话的走向，取决于你怎样构建这个意外发现。理论化是闲聊、逗乐和激动人心、改变人生的演讲之间的区别所在。在怎样成为一个更好的对话者这个方面，对话书能够教你的有限。本书一直没有提怎样标准化意料之外的观察结果。我们谈到了怎样说话更有说服力，但没有给你每次都能让对话活跃起来的、百试百灵的脚本。换句话说，我们没有告诉你，你的理论应该是什么样。部分原因在于，不同的人有不同的理论化方式。有的理论是某个特定领域中严格意义上的中型理论，在开辟自己的子领域时有些谨慎，与同行交流时会更加从容。还有的则以更粗的线条进行理论化，从一个子领域飞快转到另一个子领域，但也许会通过动员广泛的对话者参与而实现目标。

最后一点想法。虽然我们不会给你一个好的理论应该是什么样的核验清单，但我们提倡的是能够使他人的研究中产生意外发现的理论，而不是遏制这些意外发现的理论。如果一个理论只能让你用它的术语重复描述你看到的一切，那么它可能是个好的叙事工具，却不是一个值得研究的好的理论。诚然，社会学的历史充斥着被僵化为宏大叙事的理论，它们变得过于一般、过于模糊，虽然每个理论家都找到了大量的范例，却很少出现意外发现。发现好理论始终是一项未竟的事业。你永远不会找到定论。

附录　从质性研究到计算溯因分析

溯因分析是一种纯粹的质性方法吗？我们希望不是。虽然我们从事的是质性研究，我们构建这种方法也是为了推动我们最了解的质性研究工作，但我们希望这种方法也能帮助其他研究者理解自己的数据。因此，我们希望概要地描述溯因分析对于量化研究可能会有哪些价值，特别是对于目前划分在计算社会科学总类下的那些量化分析的分支（Bail，2014；Salganik，2018）。我们想要提出一些有关这个话题的想法，希望其他人会继续发扬光大（Brandt and Timmermans，2021）。我们的观点是：溯因推论中没有什么特质只能兼容于质性研究。虽然我们一直思考的是通过质性方法开展工作的不同方式，但溯因分析的核心是为意料之外的研究发现提供一种新的理论化路径。质性研究和量化研究中都会有意外发现，理论化能够通过各种不同的方法实现。

不少量化研究仍然相信演绎推理模型的魔法，哪怕现实常常与演绎结果不同，这也不足为奇。特别是调查研究，限制了许多研究的可能性。虽然任何好的研究都有至关重要的试点阶段，其中会有大量的溯因分析，但在许多以调查为基础的研究中，发现的背景和证实的背景其实却**存在**割裂。这主要不是一个认识论的选择，而是一个现实的选择。当开展一项调查的可行性十分不乐观时，用“去焦”问题开展实验来搞清楚到底发生了什么，确实没多大空间。另外，不同的研究者在调查研究中使用的是同一个通用数据库。这意味着大多数研究者**不能**改变他们所使用的调查中的任何东西。收集数据的是不同的人，他们提出的问题和他们的理论敏感性都可能跟你有所不同。

不过，以调查为基础的研究只是开展量化研究的方式之一。过去的十年左右，计算方法有了爆炸式发展，出现了主题模型、情感分析和其他自然语言处理方法等不同的技术，用于分析突然涌现的大规模数字化数据（Salganik，2018）。这些数据（例如销售网点、地理位置数据、社交媒体抓取、闭路电视记录）不是专门为社会科学研究而创建的，因此带来了新的挑战和新的机遇。在这种计算转向中，有几个原因使研究者放弃了演绎法。首先，由于这种研究的逻辑大多是总人口研究而不是抽样和统计推理，演绎式思考也就没有了现实动力。的确，当你面对的是总人口，想象自己能成为纯粹的归纳研究者、把自己的希望寄托在“看看数据中会出现什么”上，会是一种诱人的想法。这就引出了新的计算方法之所以有魅力的第二个原因：我们任由自己使用的算法至少部分地定义了我们的分析类属和集合（Mohr et al.，2020）。这种技术的概念基础，是计算机能够根据特定文档中单词的共现生成文本的集合。虽然我们用这些集合（更重要的是用它们的数量）来做什么仍然有解释的空间，但这些方法并不能与强大的演绎法配合得当。

应该怎样分析这些数据和方法层面的机会呢？计算社会学领域中的一些学者，特别是劳拉·纳尔逊（Laura Nelson），曾提倡调整扎根理论以适应计算社会学。她建议分三步走：首先是模式识别，包括归纳式的计算机文本探索，使用无人监督的机器学习和单词评分等技术，帮助研究者看到自己数据中新颖的模式。其次是模式完善，通过质性的深度阅读，回到对数据的诠释上来。最后是模式验证，进一步使用计算和自然语言处理技术来评估通过归纳法得到的模式（Nelson，2017）。这种推论模式使研究者能够检视自己的数据中是否有某种信号，但不会告诉他们这个信号在理论上是不是值得跟进。因此，如果无人监督的机器学习聚焦于可能有理论价值的话题，根据文献进行深度阅读，这样的溯因方法可能会更有成效，能够帮助研究者理解他们所掌握的数据。

事实上，其他计算社会学家都被溯因所吸引。计算社会学家面临的一些问题，与我们在本书中所提出的问题非常相似：我们怎样组织机器学习和模式识别，才有利于出现有理论意义的意外数据？这在很大程度上就像溯因分析与扎根理论的关系，当你面对的是计算数据时，会很快摒弃通过某种灵光一闪就能从数据中发现类属的想法。举一个简单的例子，一个主题模型研究中应该有多少个类属，是一个深刻的理论和诠释问题。更不用说，当研究中出现不同的意外发现时，计算方法的灵活性能够使人们转换理论和方法（Mohr et al.，2020）。

我们到目前为止一直讨论的都是**溯因推论**的价值，而不是**溯因分析**的价值。卡雷尔（Karell）和弗里德曼（Freedman）建立了一种溯因计算方法，用于陌生化所研究的概念，以揭示其中令人困惑的方面。通过不断增加的经验材料和进一步分析之间的反复迭代来解决这些谜题，为新的理论构建铺平了道路。他们提供了一个范例。卡雷尔和弗里德曼在有关政治激进主义的研究中，发现现有文献认为激进主义意味着反对社会政治体系和强大的组织或制度。表现形式可以是支持正在消失的传统、为针对无辜者的暴力辩护，或是追求非暴力的外部制度行动。他们研究阿富汗（Afghanistan）的激进言论20多年后，发现一种颠覆性修辞引发了对强大的外部敌人的历史性抵抗，这一点与文献相符。不过他们还发现了另一种与文献并不相符的话语式激进主义。颠覆性修辞是指用日常生活中的道德概念，彻底改变个体和本地环境中不理想的发展方向（Karell and Freedman，2019）。

这个意料之外的发现不仅依赖于阿富汗“圣战”组织在1979年到2001年间形成的全面的素材，还取决于调整主题模型以陌生化现有的理论概念（Karell and Freedman，2019：722）并生成新的观察结果，如果使用现有理论和文献进行编码，则会错过这些观察结果。10 个话题中有 5 个由围绕战争和国际冲突的单词组成，这与熟悉的颠覆性修辞相一致。其他几个话题中，也有 2 个包含与本地经济议题和私人生活相关的单词（Karell and Freedman，2019：733）。为了解释这些结果，卡雷尔和弗里德曼更加仔细地审视了与这些单词有关的文档，参考了有关社会话语在培育社会关系中的能力的其他社会科学理论。最后，他们将这些话题解读为“一种社会时间维度上的亲密凝视，将道德、日常、个人和地方的概念弥合在一起，以此来挑战激进分子所属群体和社群的成员，也包括激进分子本身”（Karell and Freedman，2019：734）。

这种新颖的工作令人兴奋，但这不过才是科学的溯因逻辑应用于计算社会学领域的开端。在一个以新的测量技术的爆炸式发展为标志的新兴领域中，算法、数据来源、创造性的理论化不仅能够重新定义研究实践，也能够重新定义传统社会科学学科的边界。

致 谢

本书无疑是建立在他人的成果之上；我们的目标之一就是向新一代介绍民族志先驱的一些伟大作品。本书处处体现了杰克·凯茨的观点。在阅读霍华德·贝克尔的《方法的诀窍》（*Tricks of the Trade*）一书时，我们注意到杰克的一些想法也出现在他的书中。豪伊（霍华德的昵称）是杰克的博士生导师之一。豪伊的许多观点也引用了他自己的老师埃弗里特·休斯。在第3章中能看到另一条学术影响的脉络。斯蒂芬从雷伊·斯塔那里学到了小组编码的作用，斯塔在自己伊利诺伊大学厄巴纳–香槟分校家中客厅里的桌子旁组织了编码课程。雷伊与安塞尔姆·施特劳斯一起实践了这些课程。安塞尔姆也是埃弗里特·休斯的学生。虽然我们是站在这样一些关系密切的学者的肩膀上，但我们对素材有不同的侧重。

斯蒂芬要感谢骑着自行车奔波于布兰迪斯大学（Brandeis University）和加州大学洛杉矶分校（UCLA）上两门民族志课程

的几批研究生。他们中一些人的研究项目也体现在本书中。他们每个人都有机会阅读书里的素材、提出修改建议并决定自己是不是愿意把这些素材写进书里。他们所有人都给了我们书面的同意书。除了这些更加直接的影响之外，斯蒂芬要感谢Caroline Tietbohl、Neil Gong、Amy Zhou、Terrell Winder、Laura Orrico、Pamela Pricke、John O'Brien、Forrest Stuart、Chinyre Osuji、Rocio Rosales、Nazgol Ghandnosh、Ana Muñiz、Tara McKay、Hyeyoung Nelson、Yiling Hung、Sarah Lakhani、Mirian Martinez-Aranda、Kyle Nelson、Eduardo Duran、Ian Gray和Sara Johnsen分享了他们的智识之旅。

伊多要感谢他在纽约大学（NYU）和新学院（The New School）的学生，特别是Eliza Brown、Sam Dinger、Sonia Prelat和Liz Ziff。思考他们所做的工作以及怎样为他们提供更好的建议，一直是（也仍然是）这份工作中最好的部分之一。

我们感谢Pamela Pricke、Tanya Stivers、Forrest Stuart、Terrell Winder、Kaiting Zhou和Catherine Crooke对不同章节的意见。我们也感谢Ann Swidler和Seth Abrutin给我们讲述他们的工作，感谢Kimberly Hoang分享她文章的许多历史版本并解释她的发表经历。

我们始终感激芝加哥大学出版社（University of Chicago Press）的Elizabeth Branch Dyson和她的团队为我们提供的支持。伊丽莎白仔细阅读了我们的书稿，参与了大大小小的想法，并曾经考虑从事质性研究，起码在那半天里真的有考虑。最后她没有这么做，这个结果也不错，因为社会学需要这样给我们支持的热心编辑。我们也感谢两位匿名审稿人的反馈。

斯蒂芬想向伊多的女儿 Eliana 和 Amalya 道歉，他总是给她们的父亲打电话，占用了她们的游戏、故事和洗澡时间。他的家人则很幸福，并不知道他写了这本书。

参考文献

Abbott, A. 2004. *Methods of Discovery: Heuristics of the Social Sciences*. New York: Norton.

Abend, G. 2008. "The Meaning of 'Theory.'" *Sociological Theory* 26 (2): 173–199.

Abend, G., C. Petre, and M. Sauder. 2013. "Styles of Causal Thought: An Empirical Investigation." *American Journal of Sociology* 119: 602–654.

Abrutyn, S., and A. S. Mueller. 2016. "When Too Much Integration and Regulation Hurts: Reenvisioning Durkheim's Altruistic Suicide." *Society and Mental Health* 6 (1): 56–71. doi: 10.1177/2156869315604346.

Alba, R., and V. Nee. 1997. "Rethinking Assimilation Theory for a New Era of Immigration." *International Migration Review* 31 (4): 826–874. doi: 10.2307/2547416.

Anspach, R. 1993. *Deciding Who Lives: Fateful Choices in the Intensive Care Nursery*. Berkeley: University of California Press.

Atkinson, P. 1990. *The Ethnographic Imagination: Textual*

Constructions of Reality. New York: Routledge.

Bail, C. A. 2014. "The Cultural Environment: Measuring Culture with Big Data." *Theory and Society* 43 (3–4): 465–482. doi: 10.1007/s11186-014-9216-5.

Bandelj, N. 2012. "Relational Work and Economic Sociology." *Politics & Society* 40 (2): 175–201. doi: 10.1177/0032329212441597.

Bandini, J. I. 2020. "Negotiating the 'Buffet' of Choice: Advances in Technology and End-of-Life Decision-Making in the Intensive Care Unit Setting." *Sociology of Health and Illness* 42 (4): 877–891. doi: 10.1111/1467-9566.13068.

Battilana, J., and S. Dorado. 2010. "Building Sustainable Hybrid Organizations: The Case of Commercial Microfinance Organizations." *Academy of Management Journal* 53 (6): 1419–1440. doi: 10.5465/Amj.2010.57318391.

Bearman, P. 2005. *Doormen*. Chicago: University of Chicago Press.

Becker, E. 1973. *The Denial of Death*. New York: Free Press.

Becker, H. S. 1982. *Art Worlds*. Berkeley: University of California Press.

Becker, H. S. 1986. *Writing for Social Scientists: How to Start and Finish Your Thesis, Book, or Article*. Chicago: University of Chicago Press.

Becker, H. S. 1998. *Tricks of the Trade: How to Think about Your Research While You're Doing It*. Chicago: University of Chicago Press.

Bonilla-Silva, E. 2003. *Racism without Racists: Colorblind Racism and Persistence of Racial Inequality in the United States*. 4th ed. Lanham, MD: Rowman and Littlefield.

Bonilla-Silva, E., and T. A. Forman. 2000. "I Am Not Racist But...': Mapping White Students' Racial Ideology in the United States."

Discourse and Society (1): 50–85.

Bosk, C. L. 2008. *What Would You Do? Juggling Bioethics and Ethnography*. Chicago: University of Chicago Press.

Bourgois, P. 1996. *In Search of Respect: Selling Crack in El Barrio*. Cambridge: Cambridge University Press.

Bowker, G. C., S. Timmermans, A. E. Clarke, and E. Balka. 2015. *Boundary Objects and Beyond: Working with Leigh Star, Infrastructures*. Cambridge, MA: MIT Press.

Brand, F. S., and K. Jax. 2007. "Focusing the Meaning(s) of Resilience: Resilience as a Boundary Object." *Ecology and Society* 12 (1): 23–39.

Brandt, P., and S. Timmermans. 2021. "Abductive Logic of Inquiry for Quantitative Research in the Digital Age." *Sociological Science* 8: 191–210.

Brown, E., and M. Patrick. 2018. "Time, Anticipation, and the Life Course: Egg Freezing as Temporarily Disentangling Romance and Reproduction." *American Sociological Review* 83 (5): 959–982. doi: 10.1177/0003122418796807.

Brubaker, R., and F. Cooper. 2000. "Beyond 'Identity.'" *Theory and Society* 29 (1): 1–47. doi: 10.1023/A:1007068714468.

Burawoy, M. 2019. "Empiricism and Its Fallacies." *Contexts* 18 (1): 47–53.

Burke, K. 1925. "Psychology and Form." *Dial* 79:34–46.

Burke, K. 1945. *A Grammar of Motives*. London: Prentice-Hall.

Chambliss, D. F. 1996. *Beyond Caring: Hospitals, Nurses, and the Social Organization of Ethics*. Chicago: University of Chicago Press.

Charmaz, K. 2014. *Constructing Grounded Theory*. 2nd ed. Thousand Oaks: SAGE.

Christakis, N. A. 1999. *Death Foretold: Prophecy and Prognosis in*

Medical Care. Chicago: University of Chicago Press.

Clarke, A., C. Friese, and R. S. Washburn. 2018. *Situational Analysis: Grounded Theory After the Postmodern Turn*. Los Angeles: SAGE.

Clarke, A., and S. L. Star. 2008. "Social Worlds/Arenas as a Theory-Methods Package." In *Handbook of Science and Technology*, edited by E. J. Hackett, O. Amsterdamska, M. Lynch, and J. Wajcman. Cambridge, MA: MIT Press.

Clayman, S. E., and A. Reisner. 1998. "Gatekeeping in Action: Editorial Conferences and Assessments of Newsworthiness." *American Sociological Review* 63 (2): 178–199. doi: 10.2307/2657322.

Davis, M. S. "mat's interesting! Towards a Phenomenology of Sociology and a Sociology of Phenomenology." *Philosophy of the Social Sciences* 1, no. 2 (1971): 309–344.

Desmond, M. 2014. "Relational Ethnography." *Theory and Society* 43 (5): 547–579.

Desmond, M. 2016. *Evicted: Poverty and Profit in the American City*. New York: Crown.

Deterding, N. M., and M. C. Waters. 2018. "Flexible Coding of In-Depth Interviews: A Twenty-First-Century Approach." *Sociological Methods and Research* 50 (2):1–32.

Douglas, M. 1968. "Social Control of Cognition: Some Factors in Joke Perception." *Man* 3 (3): 361–376. doi: 10.2307/2798875.

Du Bois, W. E. B. 1994 [1903]. *The Souls of Black Folk*. Mineola, NY: Dover.

Duneier, M. 1999. *Sidewalk*. New York: Farrar, Straus, and Giroux.

Duneier, M. 2011. "How Not to Lie with Ethnography." *Sociological Methodology* 41:1–11. doi: 10.1111/j.1467-9531.2011.01249. X.

Duneier, M. 2004. "Three Rules I Go By in My Ethnographic Research on Race and Racism." In *Researching Race and Racism*, edited by M.

Bulmer and J. Solomos, 92–102. New York: Routledge.

Edmondson, R. 1984. *Rhetoric in Sociology*. London: MacMillan.

Eliasoph, N. 2013. *Making Volunteers: Civic Life After Welfare's End*. Princeton: Princeton University Press.

Emerson, R. M., R. I. Fretz, and L. L. Shaw. 2011. *Writing Ethnographic Fieldnotes*. 2nd ed. Chicago: University of Chicago Press.

Epstein, S. 2007. *Inclusion: The Politics of Difference in Medical Research*. Chicago: University of Chicago Press.

Fine, G. A. 2012. *Tiny Publics: A Theory of Group Action and Culture*. New York: Russell Sage Foundation.

Fleck, L. 1979 [1935]. *Genesis and Development of a Scientific Fact*. Chicago: University of Chicago Press.

Foster, J. G., A. Rzhetsky, and J. A. Evans. 2015. "Tradition and Innovation in Scientists' Research Strategies." *American Sociological Review* 80 (5): 875–908. doi: 10.1177/0003122415601618.

Geertz, C. 1973. *The Interpretation of Cultures: Selected Essays*. New York: Basic Books.

Geertz, C. 1988. *Works and Lives: The Anthropologist as Author*. Stanford: Stanford University Press.

Gerson, K. 2010. *The Unfinished Revolution: How a New Generation Is Reshaping Family, Work, and Gender in America*. Oxford: Oxford University Press.

Gerson, K., and S. Damaske. 2020. *The Science and Art of Interviewing*. New York: Oxford University Press.

Ginzburg, C. 1999. *History, Rhetoric, and Proof*. Hanover: University Press of New England.

Glaser, B. G. 1965. "The Constant Comparative Method of Qualitative-Analysis." *Social Problems* 12 (4): 436–445. doi: 10.1525/

sp.1965.12.4.03a00070.

Glaser, B. G., and A. L. Strauss. 1967. *The Discovery of Grounded Theory*. New York: Aldine.

Goffman, E. 1952. "On Cooling the Mark Out: Some Aspects of Adaptation to Failure." *Psychiatry* 15 (4): 451–463. doi: 10.1080/00332747.1952.11022896.

Goffman, E. 1963. *Stigma: Notes on the Management of Spoiled Identity*. New York: Touchstone.

Goffman, E. 1989. "On Fieldwork."*Journal of Contemporary Ethnography* 18 (2): 123–132.

Green, A. I. 2008. "The Social Organization of Desire: The Sexual Fields Approach." *Sociological Theory* 26 (1): 25–50. doi: 10.1111/j.1467-9558.2008.00317.x.

Gross, N. 2009. "A Pragmatist Theory of Social Mechanisms." *American Sociological Review* 74 (June): 358–379.

Haack, S. 1997. "The Puzzle of 'Scientific Method' (Quine and Philosophical Metaphor)." *Revue Internationale de Philosophie* 51 (202): 495–505.

Hacking, I. 1991. "The Making and Molding of Child Abuse." *Critical Inquiry* 17:253–288.

Hacking, I. 1998. *Mad Travelers: Reflections on the Reality of Transient Mental Illnesses*. Charlottesville: University Press of Virginia.

Hacking, I. 2007a. "Kinds of People: Moving Targets." *Proceedings of the British Academy* 151:285–318.

Hacking, I. 2007b. "Making Up People." In *Beyond the Body Proper: Reading the Anthropology of Material Life*, edited by M. Lock and J. Farquhar, 150–163. Durham: Duke University Press.

Hartshorne, C., P. Weiss, and A. Burks. 1931–1958. *Collected Papers of Charles Sanders Peirce*. 8 vols. Cambridge, MA: Harvard University

Press.

Healy, K. 2017. "Fuck Nuance." *Sociological Theory* 35 (2): 118–127. doi: 10.1177/0735275117709046.

Heimer, C. A., and L. R. Staffen. 1998. *For the Sake of the Children: The Social Organization of Responsibility in the Hospital and the Home*. Chicago: University of Chicago Press.

Henwood, K. L., and N. Pidgeon. 2003. "Grounded Theory in Psychology." In *Qualitative Research in Psychology: Expanding Perspectives in Methodology and Design*, edited by P. M. Camic, J. E. Rhodes and L. Yardley, 131–155. Washington, DC: American Psychological Association Press.

Hirschauer, S. 2010. "Editorial Judgments: A Praxeology of 'Voting' in Peer Review." *Social Studies of Science* 40 (1): 71–103. doi: 10.1177/0306312709335405.

Hoang, K. K. 2015. *Dealing in Desire: Asian Ascendancy, Western Decline, and the Hidden Currencies of Global Sex Work*. Berkeley: University of California Press.

Hoang, K. K. 2018. "Risky Investments: How Local and Foreign Investors Finesse Corruption-Rife Emerging Markets." *American Sociological Review* 83 (4): 657–685. doi: 10.1177/0003122418782476.

Hooker, E. 1957. "The Adjustment of the Male Overt Homosexual." *Journal of Projective Techniques* 21 (1): 18–31. doi: 10.1080/08853126.1957.10380742.

Hughes, E. 1971 [1945]. *The Sociological Eye: Selected Papers*. Chicago: Aldine-Atherton.

Hunter, M. A., M. Pattillo, Z. F. Robinson, and K. Y. Taylor. 2016. "Black Placemaking: Celebration, Play, and Poetry." *Theory, Culture & Society* 33 (7–8): 31–56. doi: 10.1177/0263276416635259.

Hunter, M. A., and Z. F. Robinson. 2018. *Chocolate Cities: The Black Map of American Life*. Berkeley: University of California Press.

Jerolmack, C., and S. Khan. 2014. "Talk Is Cheap: Ethnography and the Attitudinal Fallacy." *Sociological Methods and Research* 43 (2): 178–209. doi: 10.1177/0049124114523396.

Jerolmack, C., and A. K. Murphy. 2017. "The Ethical Dilemmas and Social Scientific Trade-Offs of Masking in Ethnography." *Sociological Methods and Research* 48 (4): 801–827.

Jerolmack, C., and E. T. Walker. 2018. "Please in My Backyard: Quiet Mobilization in Support of Fracking in an Appalachian Community." *American Journal of Sociology* 124 (2): 479–516. doi: 10.1086/698215.

Jiménez, T. R., and A. L. Horowitz. 2013. "When White Is Just Alright: How Immigrants Redefine Achievement and Reconfigure the Ethnoracial Hierarchy." *American Sociological Review* 78 (5): 849–871. doi: 10.1177/0003122413497012.

Karell, D., and M. Freedman. 2019. "Rhetorics of Radicalism." *American Sociological Review* 84 (4): 726–753. doi: 10.1177/0003122419859519.

Katz, J. 1975. "Essences as Moral Identities: Verifiability and Responsibility in Imputations of Deviance and Charisma." *American Journal of Sociology* 80 (6): 1369–1390. doi: 10.1086/225995.

Katz, J. 1997. "Ethnography's Warrants." *Sociological Methods and Research* 25 (4): 391–423.

Katz, J. 2001. "From How to Why: On Luminous Description and Causal Inference in Ethnography (part 1)." *Ethnography* 2 (4): 443–473.

Katz, J. 2002a. "From How to Why: On Luminous Description and Causal Inference in Ethnography (part 2)." *Ethnography* 3 (1): 63–90.

Katz, J. 2002b. "Start Here: Social Ontology and Research Strategy." *Theoretical Criminology* 6 (3): 255–278.

Katz, J. 2012. "Cooks Cooking Up Recipes: The Cash Value of Nouns, Verbs and Grammar." *American Sociologist* 43:125–143.

Katz, J. 2015. "Situational Evidence: Strategies for Causal Reasoning From Observational Field Notes." *Sociological Methods and Research* 44 (1): 108–144. doi: 10.1177/0049124114554870.

Kaufman, S. R. 2005. *... And a Time to Die: How American Hospitals Shape the End of Life*. New York: Scribner.

Knorr-Cetina, K. 1999. *Epistemic Cultures: How the Sciences Make Knowledge*. Cambridge, MA: Harvard University Press.

Krause, M. 2021. *Model Cases: On Canonical Research Objects and Sites*. Chicago: University of Chicago Press.

Kuhn, T. 1962. *The Structure of Scientific Revolutions*. 2nd ed. Chicago: University of Chicago Press.

Lainer-Vos, D. 2013. "The Practical Organization of Moral Transactions: Gift Giving, Market Exchange, Credit, and the Making of Diaspora Bonds." *Sociological Theory* 31 (2): 145–167. doi: 10.1177/0735275113489123.

Lakatos, I. 1978. *The Methodology of Scientific Research Programmes*. Cambridge: Cambridge University Press.

Lakoff, G., and M. Johnson. 1980. *Metaphors We Live By*. Chicago: Univerisity of Chicago Press.

Lamont, M. 2009. *How Professors Think: Inside the Curious World of Academic Judgment*. Cambridge, MA: Harvard University Press.

Lamont, M., and A. Swidler. 2014. "Methodological Pluralism and the Possibilities and Limits of Interviewing." *Qualitative Sociology* 37 (2): 153–171. doi: 10.1007/s11133-014-9274-z.

Lareau, A. 2003. *Unequal Childhoods: Class, Race, and Family Life*.

Berkeley: University of California Press.

Lareau, A. 2012. "Using the Terms *Hypothesis* and *Variable* for Qualitative Work: A Critical Reflection." *Journal of Marriage and Family* 74 (4): 671–677. doi: 10.1111/j.1741-3737.2012.00980.x.

Lareau, A. 2021. *Listening to People: A Practical Guide to Interviewing, Participant-Observation, Data Analysis, and Writing It All Up*. Chicago: University of Chicago Press.

Latour, B. 1987. *Science in Action: How to Follow Scientists and Engineers through Society*. Cambridge, MA: Harvard University Press.

Latour, B. 1999. *Pandora's Hope: Essays on the Reality of Science Studies*. Cambridge, MA: Harvard University Press.

Lee, J. 2016. *Blowin' Up: Rap Dreams in South Central*. Chicago: University of Chicago Press.

Lichterman, P., and I. A. Reed. 2014. "Theory and Contrastive Explanation in Ethnography." *Sociological Methods and Research* 44 (4): 585–635.

Link, B., and J. C. Phelan. 2001. "Conceptualizing Stigma." *Annual Review of Sociology* 27:63–85.

Link, B., and J. C. Phelan. 2014. "Stigma power." *Soc Sci Med* 103:24-32. doi: 10.1016/j. socscimed.2013.07.035.

Liszka, J. J., and G. Babb. 2019. "Abduction as an Explanatory Strategy in Narrative." In *Bloomsbury Companion to Contemporary Peircean Semiotics*, edited by T. Jappe, 205–234. London: Bloomsbury.

Locke, K. 2007. "Rational Control and Irrational Free-Play: Dual Thinking Modes as Necessary Tension in Grounded Theorizing." In *the SAGE Handbook of Grounded Theory*, edited by A. Bryant and K. Charmaz, 565–579. Los Angeles: SAGE publications.

Lofland, J. 1974. "Styles of Reporting Qualitative Field Research."

American Sociologist 9 (3): 101–111.

Lopez, D., and Y. Espiritu. 1990. "Panethnicity in the United States: A Theoretical Framework." *Ethnic and Racial Studies* 13 (2): 198–224. doi: 10.1080/01419870.1990.999366.

Mancillas, J. D. 2017. "'Live Life, Get Life, or Die Trying': The Cosmology of Death and Dying amongst L. A. Gangs." *Berkeley McNair Resarch Journal* 4: 12–27.

Martin, E. 1987. *The Woman in the Body: A Cultural Analysis of Reproduction*. Boston: Beacon.

Mauss, M. 1954. *The Gin: Forms and Functions of Exchange in Archaic Societies*. Translated by I. Cunnison. Glencoe, IL: Free Press.

McMillan Cottom, T. 2019. *Thick and Other Essays*. New York: New Press.

Mears, A. 2017. "Puzzling in Sociology: On Doing and Undoing Theoretical Puzzles." *Sociological Theory* 35 (2): 138–146. doi: 10.1177/0735275117709775.

Menjívar, C. 2000. *Fragmented Ties: Salvadoran Immigrant Networks in America*. Berkeley: University of California Press.

Merton, R. K. 1968. *Social Theory and Social Structure*. New York: Free Press.

Merton, R. K., and E. Barber. 1963. "Sociological Ambivalence." In *Sociological Theory, Values, and Sociocultural Change*, edited by E. A. Tiryakian, 91–120. London: Free Press of Glencoe.

Meyers, T. 2014. "Promise and Deceit: Pharmakos, Drug Replacement Therapy, and the Perils of Experience." *Culture, Medicine and Psychiatry* 38 (2): 182–196. doi: 10.1007/s11013-014-9376-9.

Mills, C. W. 1963 (1940). "Situated Actions and Vocabularies of Motive." In *Power, Politics, and People: The Collected Essays of C. Wright Mills*, edited by I. L. Horowitz, 439–452. New York: Oxford

University Press.

Mische, A. 2009. "Projects and Possibilities: Researching Futures in Action." *Sociological Forum* 24 (3): 694–704.

Mishler, E. G. 1984. *Discourse of Medicine*. Norwood, NJ: Albex.

Mohr, J. W., C. A. Bail, M. Frye, J. C. Lena, O. Lizardo, T. E. McDonnell, A. Mische, I. Tavory, and F. F. Wherry. 2020. *Measuring Culture*. New York: Columbia University Press.

Mol, A. 2002. *The Body Multiple: Ontology in Medical Practice*. Durham: Duke University Press.

Navon, D. 2011. "Genomic Designation: How Genetics Can Delineate New, Phenotypically Diffuse Medical Categories." *Social Studies of Science* 41 (2): 203–226.

Nelson, K. 2021. "The Microfoundations of Bureaucratic Outcomes: Causes and Consequences of Interpretive Disjuncture in Eviction Cases." *Social Problems* 68 (1): 152–167.

Nelson, L. K. 2017. "Computational Grounded Theory: A Methodological Framework." *Sociological Methods and Research* 49 (1): 3–42.

Nippert-Eng, C. 2015. *Watching Closely: A Guide to Ethnographic Observations*. Oxford: Oxford University Press.

O'Brien, J. 2017. *Keeping It Halal: The Everyday Lives of Muslim American Teenage Boys*. Princeton: Princeton University Press.

Okamoto, D., and G. C. Mora. 2014. "Panethnicity." *Annual Review of Sociology* 40:219–239. doi: 10.1146/annurev-soc-071913-043201.

Omi, M., and H. Winant. 2015. *Racial Formation in the United States*. 3rd ed. New York: Routledge.

Ottolenghi, Y. 2011. *Plenty: Vibrant Vegetable Recipes from London's Ottolenghi*. San Francisco: Chronicle.

Pager, D. 2003. "The Mark of a Criminal Record." *American Journal of*

Sociology 108(5): 937–975. doi: 10.1086/374403.

Pasteur, L. "Discours prononcé à Douai, le 7 décembre 1854, à l'occasion de l'installation solennelle de la Faculté des lettres de Douai et de la Faculté des sciences de Lille" (speech delivered at Douai on December 7, 1854, on the occasion of his formal inauguration into the Faculty of Letters of Douai and the Faculty of Sciences of Lille). In *Œuvres de Pasteur*, edited by Pasteur Vallery-Radot, vol. 7, 129–132. Paris: Masson, 1939.

Paterniti, D. A., T. L. Fancher, C. S. Cipri, S. Timmermans, J. Heritage, and R. L. Kravitz. 2010. "Getting to 'No': Strategies Primary Care Physicians Use to Deny Patient Requests." *Archives of Internal Medicine* 170 (4): 381–388. doi: 10.1001/archinternmed.2009.533.

Paul, D. B. 1997. "The History of Newborn Phenylketonuria Screening in the US." In *Promoting Safe and Effective Genetic Testing in the United States: Final Report of the Taskforce on Genetic Testing*, edited by N. A. Holtzman and M. S. Watson, 137–160. Bethesda, MD: National Institutes of Health.

Peirce, C. S. 1879. "A Quincuncial Projection of the Sphere." *American Journal of Mathematics* 2 (4): 394–396.

Pena-Alves, S. 2019. "Outspoken Objects and Unspoken Myths: The Semiotics of Object-Mediated Communication." *Symbolic Interaction* 43 (3): 385–404. doi: 10.1002/symb.464.

Pescosolido, B. A., J. K. Martina, A. Lang, and S. Olafsdottir. 2008. "Rethinking Theoretical Approaches to Stigma: A Framework Integrating Normative Influences on Stigma (FINIS)." *Social Science and Medicine* 67 (3): 431–440. doi: 10.1016/j.socscimed.2008.03.018.

Portes, A., and R. G. Rumbaut. 2001. *Legacies: The Story of the Immigrant Second Generation*. Berkeley, CA: Russell Sage

Foundation.

Portes, A., and M. Zhou. 1993. "The New 2nd-Generation: Segmented Assimilation and Its Variants." *Annals of the American Academy of Political and Social Science* 530:74–96. doi: 10.1177/0002716293530001006.

Pugh, A. J. 2013. "What Good are Interviews for Thinking about Culture? Demystifying Interpretive Analysis." *American Journal of Cultural Sociology* 1 (1): 42–68. doi: 10.1057/ajcs.2012.4.

Ragin, C. C., and H. S. Becker. 1992. *What Is a Case? Exploring the Foundations of Social Inquiry*. Cambridge: Cambridge University Press.

Reichertz, J. 2007. "Abduction: The Logic of Discovery in Grounded Theory." In *The SAGE Handbook of Grounded Theory*, edited by A. Bryant and K. Charmaz, 214–228. London: SAGE.

Reyes, V. 2020. "Ethnographic Toolkit: Strategic Positionality and Researchers' Visible and Invisible Tools in Field Research." *Ethnography* 21 (2): 220–240. doi: 10.1177/1466138118805121.

Ricoeur, P. 1971. "The Model of the Text: Meaningful Action Considered as a Text." *Social Research* 3 (3): 529–562.

Rinaldo, R., and J. Guhin. 2019. "How and Why Interviews Work: Ethnographic Interviews and Meso-level Public Culture." *Sociological Methods and Research*. First published online November 5, 2019, doi: 10.1177/0049124119882471.

Robertson, J. 2002. "Reflexivity Redux: A Pithy Polemic on 'Positionality.'" *Anthropological Quarterly* 75 (4): 785–792. doi: 10.1353/anq.2002.0066.

Rossman, G. 2014. "Obfuscatory Relational Work and Disreputable Exchange." *Sociological Theory* 32 (1): 43–63. doi: 10.1177/0735275114523418.

Roth, J. A. 1972. "Some Contingencies of Moral Evaluation and Control of Clientele: Case of Hospital Emergency Service." *American Journal of Sociology* 77 (5): 839–856. doi: 10.1086/225227.

Saldaña, J. 2015. *The Coding Manual for Qualitative Researchers.* Thousand Oaks, CA: SAGE.

Salganik, M. J. 2018. *Bit by Bit: Social Research in the Digital Age.* Princeton: Princeton University Press.

Schilke, O., and G. Rossman. 2018. "It's Only Wrong If It's Transactional: Moral Perceptions of Obfuscated Exchange." *American Sociological Review* 83 (6): 1079–1107. doi: 10.1177/0003122418806284.

Schoenberg, N. E. 1997. "A Convergence of Health Beliefs: An'Ethnography of Adherence' of African-American Rural Elders with Hypertension." *Human Organization* 56 (2): 174–181.

Schutz, A., and T. Luckmann. 1973. *The Structures of the Life-World.* Evanston: Northwestern University Press.

Scott, M. B., and S. M. Lyman. 1968. "Accounts." *American Sociological Review* 33 (1): 46–62. doi: 10.2307/2092239.

Sebeok, T., and J. Umiker-Sebeok. 1983. "'You Know My Method': A Juxtaposition of Charles Peirce and Sherlock Holmes." In *The Sign of Three*, edited by U. Eco and T. Sebeok, 11–54. Bloomington: Indiana University Press.

Shi, F., and J. Evans. "Science and Technology Advance through Surprise." arXiv.org. 2019.

Shim, J. K. 2010. "Cultural Health Capital: A Theoretical Approach to Understanding Health Care Interactions and the Dynamics of Unequal Treatment." *Journal of Health and Social Behavior* 51 (1): 1–15.

Silver, D. 2011. "The Moodiness of Action." *Sociological Theory* 29 (3):

199–222. doi: 10.1111/j.1467-9558.2011.01394.x.

Simmel, G. 1994. "Bridge and Door." *Theory Culture & Society* 11 (1):5–10. doi: 10.1177/026327694011001002.

Small, M. L. 2009. "'How Many Cases Do I Need?' On Science and the Logic of Case Selection in Field-Based Research." *Ethnography* 10 (1):5–38. doi: 10.1177/1466138108099586.

Star, S. L. 1991. "Power, Technologies, and the Phenomenology of Conventions: On Being Allergic to Onions." In *A Sociology of Monsters: Essays on Power, Technology and Domination*, edited by J. Law, 25–56. London: Routledge.

Star, S. L., and J. Griesemer. 1989. "Institutional Ecology, Translations, and Boundary Objects: Amateurs and Professionals in Berkeley's Museum of Vertebrate Zoology, 1907–1939." *Social Studies of Science* 17 (3): 387–420.

Stonequist, E. V. 1937. *The Marginal Man: A Study in Personality and Culture Conflict*. New York: Scribner/Simon & Schuster.

Straus, R. 1957. "The Nature and Status of Medical Sociology." *American Sociological Review* 22 (2): 200–204.

Strauss, A. L. 1969.*Mirrors and Masks: The Search for Identity*. San Francisco: Sociology Press.

Strauss, A. L. 1987. *Qualitative Analysis for Social Scientists*. Cambridge: Cambridge University Press.

Strauss, A. L. 1993. *Continual Permutations of Action*. New York: Aldine de Gruyter.

Strauss, A. L., S. Fagerhaugh, B. Suczek, and C. Wiener. 1985. *The Social Organization of Medical Work*. Chicago: University of Chicago Press.

Strubing, J. 2007. "Research as Pragmatic Problem-Solving: The Pragmatist Roots of Empirically-Grounded Research." In *The SAGE*

Handbook of Grounded Theory, edited by A. Bryant and K. Charmaz, 580–602. London: SAGE.

Stuart, F. 2016. *Down, Out, and Under Arrest: Policing and Everyday Life in Skid Row*. Chicago: University of Chicago Press.

Suchman, L. 1987. *Plans and Situated Actions: The Problem of Human-Machine Communication*. Cambridge: Cambridge University Press.

Swedberg, R. 2012. "Theorizing in Sociology and Social Science: Turning to the Context of Discovery." *Theory and Society* 41 (1): 1–40.

Swedberg, R. 2014. *The Art of Social Theory*. Princeton: Princeton University Press. Swidler, A. 1986. "Culture in Action: Symbols and Strategies." *American Sociological Review* 51:273–286.

Swidler, A., and S. C. Watkins. 2017. *A Fraught Embrace: The Romance and Reality of AIDS Altruism in Africa*. Princeton: Princeton University Press.

Tavory, I. 2016. *Summoned: Identification and Religious Life in a Jewish Neighborhood*. Chicago: University of Chicago Press.

Tavory, I. 2019. "Beyond the Calculus of Power and Position: Relationships and Theorizing in Ethnography." *Sociological Methods and Research* 48 (4): 727–738. doi: 10.1177/0049124119875960.

Tavory, I. 2020. "Interviews and Inference: Making Sense of Interview Data in Qualitative Research." *Qualitative Sociology* 43: 449–465.

Tavory, I., and G. A. Fine. 2020. "Disruption and the Theory of the Interaction Order." *Theory and Society* 49 (3): 365–385. doi: 10.1007/s11186-020-09384-3.

Tavory, I., and M. Poulin. 2012. "Sex Work and the Construction of Intimacies: Meanings and Work Pragmatics in Rural Malawi." *Theory and Society* 41 (3): 211–231. doi: 10.1007/s11186-012-9164-x.

Tavory, I., S. Prelat, and S. Ronen. 2022. *Tangled Goods: The Practical*

Life of Pro Bono Advertising. Chicago: University of Chicago Press.

Tavory, I., and S. Timmermans. 2009. "Two Cases of Ethnography: Grounded Theory and the Extended Case Method." *Ethnography* 10 (3): 1–21.

Tavory, I., and S. Timmermans. 2013. "A Pragmatist Approach to Causality in Ethnography." *American Journal of Sociology* 119 (3): 682–714.

Tavory, I., and S. Timmermans. 2014. *Abductive Analysis: Theorizing Qualitative Research*. Chicago: University of Chicago Press.

Tavory, I., and S. Timmermans. 2017. "Mechanisms." In *Approaches to Ethnography: Analysis and Representation in Participant Observation*, edited by C. Jerolmack and S. Khan. Oxford: Oxford University Press.

Tavory, I., and S. Timmermans. 2019. "Abductive Analysis and Grounded Theory." In *The SAGE Handbook of Current Developments in Grounded Theory*, edited by A. Bryant and K. Charmaz, 532–546. London: SAGE.

Tavory, I., and S. Timmermans. 2020. "Sequential Comparisons and the Comparative Imagination." In *Beyond the Case: The Logics and Practices of Comparative Ethnography*, edited by C. M. Abramson and N. Gong, 185–209. Oxford: Oxford University Press.

Teplitskiy, M. 2015. "Frame Search and Re-Search: How Quantitative Sociological Articles Change during Peer Review." *American Sociologist* 47 (2): 264–288.

Thoits, P. A. 2011. "Resisting the Stigma of Mental Illness." *Social Psychology Quarterly* 74 (1): 6–28.

Timmermans, S. 1994. "Dying of Awareness: The Theory of Awareness Contexts Revisited." *Sociology of Health and Illness* 16 (4): 322–339.

Timmermans, S. 1999. "Social Death as a Self-Fulfilling Prophecy:

David Sudnow's 'Passing On' Revisited." *Sociological Quarterly* 39 (3): 453–472.

Timmermans, S., and T. Stivers. 2017. "The Spillover of Genomic Testing Results in Families: Same Variant, Different Logics." *Journal of Health and Social Behavior* 58 (2): 166–180.

Timmermans, S., and T. Stivers. 2018. "Clinical Forecasting: Towards a Sociology of Prognosis." *Social Science and Medicine* 218:13–20. doi: 10.1016/j.socsci med.2018.09.031.

Timmermans, S., and I. Tavory. 2012. "Theory Construction in Qualitative Research: From Grounded Theory to Abductive Analysis." *Sociological Theory* 30 (3): 167–186.

Timmermans, S., and I. Tavory. 2020. "Racist Encounters: A Pragmatist Semiotic Analysis of Interaction." *Sociological Theory* 38 (4): 295–317.

Tobin, V. 2018. *Elements of Surprise: Our Mental Limits and the Satisfactions of Plot*. Cambridge, MA: Harvard University Press.

Trouille, D. 2021. *Fútbol in the Park: Immigrants, Soccer, and the Creation of Social Ties*. Chicago: University of Chicago Press.

Trouille, D., and I. Tavory. 2019. "Shadowing: Warrants for Intersituational Variation in Ethnography." *Sociological Methods and Research* 48 (3): 1–27.

Vaisey, S. 2014. "Is Interviewing Compatible with the Dual-Process Model of Culture?" *American Journal of Cultural Sociology* 2 (1): 150–158. doi: 10.1057/ajcs.2013.8.

Venkatesh, S. A. 2000. *American Project: The Rise and Fall of a Modern Ghetto*. Cambridge, MA: Harvard University Press.

Wacquant, L. 2002. "Scrutinizing the Street: Poverty, Morality, and the Pitfalls of Urban Ethnography." *American Journal of Sociology* 107 (6): 1468–1532.

Wagner-Pacifici, R. 2017. *What Is an Event?* Chicago: University of Chicago Press. Whyte, W. F. 1943. *Street Corner Society: The Social Structure of an Italian Slum*. Chicago: University of Chicago Press.

Willis, P. 1977. *Learning to Labor: How Working Class Kids Get Working Class Jobs*. New York: Columbia University Press.

Winder, T. J. A. 2015. "'Shouting It Out': Religion and the Development of Black Gay Identities." *Qualitative Sociology* 38 (4): 375–394. doi: 10.1007/s11133-015-9316-1.

Zelizer, V. A. 2005. *The Purchase of Intimacy*. Princeton: Princeton University Press.

Zerubavel, E. 2018. *Taken for Granted: The Remarkable Power of the Unremarkable*. Princeton: Princeton University Press.

“进阶书系”—— 授人以渔

在这个信息爆炸的时代，大学生在学习知识的同时，更应了解并练习知识的生产方法，要从知识的消费者成长为知识的生产者，以及使用者。而成为知识的生产者和创造性使用者，至少需要掌握三个方面的能力。

思考的能力： 逻辑思考力，理解知识的内在机理；批判思考力，对已有的知识提出疑问。
研究的能力： 对已有的知识、信息进行整理、分析，进而发现新的知识。
写作的能力： 将发现的新知识清晰、准确地陈述出来，向社会传播。

但目前高等教育中较少涉及这三种能力的传授和训练。知识灌输乘着惯性从中学来到了大学。

有鉴于此，“进阶书系”围绕学习、思考、研究、写作等方面，不断推出解决大学生学习痛点、提高方法论水平的教育产品。读者可以通过图书、电子书、在线音视频课等方式，学习到更多的知识。

同时，我们还将持续与国外出版机构、大学、科研院所密切联系，将“进阶书系”中教材的后续版本、电子课件、复习资料、课堂答疑等及时与使用教材的大学教师同步，以供授课参考。通过添加我们的官方微信“大学怎么过ing”（微信号：unione_study）或者电话 15313031008，留下您的联系方式和电子邮箱，便可以免费获得您使用的相关教材的国外最新资料。

我们将努力为以学术为志业者铺就一步一步登上塔顶的阶梯，帮助在学界之外努力向上的年轻人打牢解决实际问题的能力，成为行业翘楚。

品牌总监 刘 洋
特约编辑 何梦姣
营销编辑 王艺娜
封面设计 马 帅
内文制作 胡凤翼